フーリエ級数・変換/ラプラス変換

水本 哲弥 [著]

本書を発行するにあたって，内容に誤りのないようできる限りの注意を払いましたが，本書の内容を適用した結果生じたこと，また，適用できなかった結果について，著者，出版社とも一切の責任を負いませんのでご了承ください．

本書は，「著作権法」によって，著作権等の権利が保護されている著作物です．本書の複製権・翻訳権・上映権・譲渡権・公衆送信権（送信可能化権を含む）は著作権者が保有しています．本書の全部または一部につき，無断で転載，複写複製，電子的装置への入力等をされると，著作権等の権利侵害となる場合があります．また，代行業者等の第三者によるスキャンやデジタル化は，たとえ個人や家庭内での利用であっても著作権法上認められておりませんので，ご注意ください．

本書の無断複写は，著作権法上の制限事項を除き，禁じられています．本書の複写複製を希望される場合は，そのつど事前に下記へ連絡して許諾を得てください．

出版者著作権管理機構
（電話 03-5244-5088, FAX 03-5244-5089, e-mail：info@jcopy.or.jp）

JCOPY ＜出版者著作権管理機構 委託出版物＞

まえがき

　電気電子工学，通信工学の分野では，様々な線形システムを取り扱う．ここでいうシステムとは，入力に対してあらかじめ定められた一定の約束に従ってその出力（応答）が得られるしくみのことである．線形回路は形の見える代表例であり，信号処理にも線形システムが登場する．線形システムを理解する上で，フーリエ級数，フーリエ変換，ラプラス変換は重要な役割を果たす．本書は，主に電気電子工学，通信工学の分野で学ぶ学部生を読者として想定して，フーリエ級数，フーリエ変換，ラプラス変換の内容を教科書としてまとめたものである．本書の構成は，次のとおりである．

　第1章から第3章までは，フーリエ級数を説明している．フーリエ級数では，よく知られた周期関数である三角関数の線形和で任意の周期関数を表すことができ，時間的に周期変化する現象には離散的な周波数成分だけが含まれることを学ぶ．

　第4章から第9章は，フーリエ変換に関わる内容である．第4章および第5章でフーリエ変換の基礎的な考え方や性質を学び，時間領域と周波数領域の対応を考える手法を身につける．第6章では，フーリエ変換を線形システムに適用する例として，線形回路の周波数応答と時間応答の関係を考える．第7章では，標本化定理によって離散的な値から連続的な関数値が求められることを学ぶ．第8章および第9章では，離散フーリエ変換と高速フーリエ変換の考え方を説明している．フーリエ級数およびフーリエ変換は，いずれも時間の世界と周波数の世界が実は互いに密接に関連していて，時間軸上での変化の特徴を知りたいときには，周波数の世界でその特徴を捉えることができるということを教えてくれる．また，時間に対して連続的に変化する現象であっても，ある条件のもとではとびとびの時刻でその値がわかっていれ

ば，その間の値も正確に知ることができるという標本化定理も，フーリエ級数とフーリエ変換を用いて理解することができる．

　第 10 章〜第 13 章では，ラプラス変換を説明している．電気回路では，スイッチを入れた直後は過渡的な応答となり，定常的な回路応答とは異なる振舞いを示す．回路の過渡応答を求めるということは，定係数の線形微分方程式を解く問題に帰着される．この微分方程式は，ラプラス変換を利用することによって代数方程式に変換されて，系統的に解くことができるようになる．

　本書は，工学分野で用いる数学的な基本ツールとしてフーリエ級数，フーリエ変換，ラプラス変換を身につけることを主眼にまとめたものであり，電気電子工学や通信工学で遭遇する問題を例題として用いて説明している．フーリエ級数，フーリエ変換，ラプラス変換は多くの分野で基本的な応用数学として教えられており，電気電子工学や通信工学に限らず，多くの読者の役に立てていただければ幸いである．

　なお，この本を執筆するにあたり，多くの著書を参考にさせていただいた．参考にした主な著書を文末に参考文献として掲げている．これらの著書を執筆，翻訳された方々に感謝申し上げる．また，本書の出版にあたり，トップスタジオの大戸英樹氏をはじめ，多くのスタッフの方々に大変お世話になった．最後に，本書を出版する機会を与えてくださったオーム社の森正樹氏，東京工業大学の植松友彦教授に深く感謝する．

2010 年 3 月

水本哲弥

目次

まえがき		iii
第 1 章	フーリエ級数の基礎	1
1.1	線形システム	1
1.2	周期波のフーリエ級数	2
	1.2.1　フーリエ係数	4
	1.2.2　正弦関数および余弦関数の直交性	9
1.3	フーリエ級数展開	9
第 2 章	フーリエ級数の性質	17
2.1	非周期関数のフーリエ級数	17
2.2	関数の偶奇性とフーリエ係数	19
2.3	不連続点におけるフーリエ級数	22
2.4	フーリエ級数の収束	23
	2.4.1　級数の収束	23
	2.4.2　ギブスの現象	25
2.5	フーリエ級数の項別微分	26
第 3 章	複素フーリエ級数	31
3.1	複素指数関数によるフーリエ級数	31
3.2	線形回路の定常波応答とフーリエ級数	35
	3.2.1　回路の線形性	35
	3.2.2　正弦波交流と複素表示	37

	3.2.3	周期波に対する線形回路の応答 ………………………	39
第4章		フーリエ変換の基礎 ……………………………………………	43
4.1		フーリエ変換の定義 ……………………………………………	43
4.2		フーリエ積分 ……………………………………………………	45
4.3		フーリエ変換の存在 ……………………………………………	46
4.4		代表的な関数のフーリエ変換 …………………………………	47
4.5		周期関数のフーリエ変換 ………………………………………	51
第5章		フーリエ変換の性質 ……………………………………………	55
5.1		フーリエ変換の基本的性質 ……………………………………	55
5.2		畳み込み関数とフーリエ変換 …………………………………	59
	5.2.1	畳み込み関数 ………………………………………………	59
	5.2.2	畳み込み関数のフーリエ変換 ……………………………	62
	5.2.3	積関数のフーリエ変換 ……………………………………	63
5.3		相関関数とフーリエ変換 ………………………………………	64
5.4		パーセバルの等式 ………………………………………………	65
5.5		フーリエ変換における双対性 …………………………………	67
第6章		フーリエ変換と線形システム …………………………………	69
6.1		線形回路の応答とフーリエ変換 ………………………………	69
	6.1.1	線形回路の基本的性質 ……………………………………	69
	6.1.2	正弦波入力に対する線形回路の応答 ……………………	72
	6.1.3	線形回路のインパルス応答 ………………………………	73
	6.1.4	線形回路の周波数特性と時間応答 ………………………	76
6.2		ヒルベルト変換 …………………………………………………	77
第7章		標本化定理 ………………………………………………………	85
7.1		標本化定理 ………………………………………………………	85
7.2		ナイキスト周波数とエリアシング ……………………………	88

第 8 章　離散フーリエ変換　95
- 8.1　離散周期信号　95
- 8.2　離散フーリエ変換の定義　97
- 8.3　離散フーリエ変換の基本的性質　98
- 8.4　離散信号と帯域制限　104
- 8.5　窓関数　105

第 9 章　高速フーリエ変換　109
- 9.1　離散フーリエ変換の行列表現　109
- 9.2　高速フーリエ変換の考え方　111
- 9.3　離散フーリエ変換の演算量　115

第 10 章　ラプラス変換の基礎　119
- 10.1　ラプラス変換の定義　119
- 10.2　代表的な関数のラプラス変換　122
- 10.3　t^a のラプラス変換　125

第 11 章　ラプラス変換の性質　129
- 11.1　ラプラス変換の基本的性質　129
- 11.2　畳み込み関数とラプラス変換　134

第 12 章　ラプラス変換の常微分方程式解法への応用　139
- 12.1　微分方程式解法の流れ　139
- 12.2　部分分数分解とラプラス逆変換　141
- 12.3　微分方程式の解法への応用　146

第 13 章　ラプラス変換と線形システム　151
- 13.1　線形回路のステップ応答　151
- 13.2　任意の入力に対する線形回路の応答　153
- 13.3　線形システムの応答　156

　　　　13.3.1　伝達関数の極と線形システムの時間応答……………… 156
　　　　13.3.2　線形システムの安定性……………………………………… 160

付録 A　　数学公式および関係式 ……………………………………… 163

付録 B　　演習問題略解 ………………………………………………… 165

参考文献 ………………………………………………………………… 187

索引 ……………………………………………………………………… 188

第 1 章
フーリエ級数の基礎

本章から第 3 章まではフーリエ級数について説明する．本章では，まず，任意の周期関数を適当な周期関数の和で表すフーリエ級数の基礎を学ぶ．周期関数として最も基本的な関数である正弦関数と余弦関数を用いて，任意の周期関数を級数展開する．周期性を持つ関数は，とびとびの周波数を有する正弦関数と余弦関数の無限級数として表される．

1.1　線形システム

本書では，線形システム（linear system）を対象として考える．そもそも線形システムとは何か．ここでは，システムとは，与えられた入力（input）に対してあらかじめ定められた規則に従って出力（output）（応答（response））が現れることとする．数学的に表現するならば，システムで定められた規則に従って入力を変換して得られる結果が応答である．つまり，線形システムとは入力と応答を結びつける変換が線形性（linearity）を有するということになる．入力 $f_1(t)$，$f_2(t)$ に対する応答が，それぞれ $y_1(t)$，$y_2(t)$ であるとする．任意の定数 α_1，α_2 で表される 2 つの入力 $f_1(t)$，$f_2(t)$ の線形和（linear sum）$\alpha_1 f_1(t) + \alpha_2 f_2(t)$ を入力とした場合に，これに対する応答が $\alpha_1 y_1(t) + \alpha_2 y_2(t)$ となるとき，そのシステムは線形システムであるという（図 1.1）．

第 1 章　フーリエ級数の基礎

図 1.1　線形システムの入出力

【例題 1.1】
入力 $f(t)$ に対する応答が $y(t) = f(t)^3$ で与えられるシステムでは，入力と応答の間に線形性が成り立つかどうか調べよ．

［解答］
入力 $\alpha_1 f_1(t) + \alpha_2 f_2(t)$ に対する応答は，

$$y(t) = (\alpha_1 f_1(t) + \alpha_2 f_2(t))^3$$

一方，$f_1(t)$, $f_2(t)$ に対する応答は，それぞれ $y_1(t) = f_1(t)^3$, $y_2(t) = f_2(t)^3$ であり，

$$\begin{aligned} y(t) &- (\alpha_1 y_1(t) + \alpha_2 y_2(t)) \\ &= (\alpha_1 f_1(t) + \alpha_2 f_2(t))^3 - \alpha_1 f_1(t)^3 - \alpha_2 f_2(t)^3 \\ &= (\alpha_1^3 - \alpha_1) f_1(t)^3 + (\alpha_2^3 - \alpha_2) f_2(t)^3 + 3\alpha_1 \alpha_2 f_1(t) f_2(t) (\alpha_1 f_1(t) + \alpha_2 f_2(t)) \end{aligned}$$

となる．上式は任意の定数 α_1, α_2 に対して 0 に等しいとはいえない．つまり，任意の定数 α_1, α_2 に対して $\alpha_1 f_1(t) + \alpha_2 f_2(t)$ に対する応答は $\alpha_1 y_1(t) + \alpha_2 y_2(t)$ と一致しないため，このシステムは線形ではない．

1.2　周期波のフーリエ級数

正弦関数（sine function）および余弦関数（cosine function）は，単一周波数の関数である．線形回路を例として考えるとわかるように，線形システ

ムに正弦関数や余弦関数を入力として与えると，多くの場合，その応答は比較的容易に求めることができるようになる．そのため，入力を正弦関数と余弦関数の和で表すことを考えるとよい．対象とするシステムが線形であれば，各正弦（余弦）関数を入力として与えた場合の応答を求め，その和をとれば元の入力に対する応答がわかるはずである．入力として与える各正弦（余弦）関数は互いに周波数が異なるだけであるから，ある周波数に対する入力と応答の対応関係を求めておけば，それと異なる周波数の正弦（余弦）関数入力に対する応答は容易に求めることができる．

時間に対して周期的に変化する現象は，周期関数（periodic function）で表現することができる．つまり，その現象を表す量を時間変数 t の関数 $f(t)$ で表すことにすれば，

$$f(t) = f(t + mT) \quad (m = 0, \pm 1, \pm 2, \cdots) \tag{1.1}$$

と表現することができる．T はその現象の周期（period）であり，式（1.1）の条件が成り立つ最小値とする（図 1.2）．

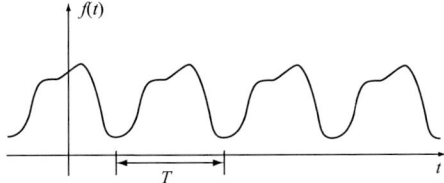

図 **1.2** 周期関数

関数 $f_1(t) = \cos \dfrac{2\pi}{T} t$ において式（1.1）の関係が成り立つことは，次のようにして確かめられる．

$$f_1(t + mT) = \cos\left(\frac{2\pi}{T}t + 2m\pi\right) = \cos\frac{2\pi}{T}t = f_1(t)$$

つまり，関数 $f_1(t) = \cos \dfrac{2\pi}{T} t$ は周期 T の周期関数である．同様にし

て，0 を除く整数 n に対して定義される関数 $f_n(t) = \cos n\dfrac{2\pi}{T}t$ および $g_n(t) = \sin n\dfrac{2\pi}{T}t$ も周期 T の周期関数であることがわかる．

次に，T を周期とする任意の周期関数 $f(t)$ を展開係数（expansion coefficient）a_n および $b_n(n=1,2,3,\cdots)$ を用いて，次のように $f_n(t)$ と $g_n(t)$ の線形和で表すことを考える．

$$f(t) = a_1 \cos \frac{2\pi}{T}t + a_2 \cos 2\frac{2\pi}{T}t + \cdots + a_n \cos n\frac{2\pi}{T}t + \cdots$$
$$+ b_1 \sin \frac{2\pi}{T}t + \cdots + b_n \sin n\frac{2\pi}{T}t + \cdots \quad (1.2)$$

関数 $f_n(t)$, $g_n(t)$ を区間 $0 \leqq t \leqq T$ で積分するといずれも 0 になるので，式 (1.2) では 1 周期にわたる時間的な平均値が 0 になる関数しか表すことができない．$f(t)$ を次のように表現すれば，時間的な平均値が非 0 となる関数も表すことができる．

$$f(t) = \frac{a_0}{2} + \sum_{n=1}^{\infty} a_n \cos n\frac{2\pi}{T}t + \sum_{n=1}^{\infty} b_n \sin n\frac{2\pi}{T}t \quad (1.3)$$

式 (1.3) のように，関数 $f(t)$ を余弦関数と正弦関数の線形和で表現する，つまり余弦関数と正弦関数で展開することをフーリエ級数展開（Fourier series expansion）と呼ぶ．

1.2.1　フーリエ係数

任意の周期関数 $f(t)$ を式 (1.3) のように展開するとき，展開係数 $a_n(n=0,1,2,\cdots)$ と $b_n(n=1,2,3,\cdots)$ は，次のようにして求めることができる．
なお，a_n, b_n はフーリエ係数（Fourier coefficient）と呼ばれる．

（1）フーリエ係数 a_0

式 (1.3) の両辺を 1 周期 $-\dfrac{T}{2} \leqq t \leqq \dfrac{T}{2}$ にわたって積分すると，$n \neq 0$ に対して，$\displaystyle\int_{-\frac{T}{2}}^{\frac{T}{2}} \cos n\frac{2\pi}{T}t\,dt = 0$，$\displaystyle\int_{-\frac{T}{2}}^{\frac{T}{2}} \sin n\frac{2\pi}{T}t\,dt = 0$ となる．そのため，式

(1.3) から a_0 は次の式で求まる.

$$a_0 = \frac{2}{T}\int_{-\frac{T}{2}}^{\frac{T}{2}} f(t)dt \tag{1.4}$$

(2) フーリエ係数 $a_n(n=1,2,3,\cdots)$

式 (1.3) の両辺に $\cos m\frac{2\pi}{T}t$ をかけて, 1 周期 $-\frac{T}{2} \le t \le \frac{T}{2}$ にわたって積分する.

$$\int_{-\frac{T}{2}}^{\frac{T}{2}} f(t)\cos m\frac{2\pi}{T}t\,dt = \frac{a_0}{2}\int_{-\frac{T}{2}}^{\frac{T}{2}} \cos m\frac{2\pi}{T}t\,dt$$
$$+ \sum_{n-1}^{\infty} a_n \int_{-\frac{T}{2}}^{\frac{T}{2}} \cos n\frac{2\pi}{T}t\cos m\frac{2\pi}{T}t\,dt + \sum_{n-1}^{\infty} b_n \int_{-\frac{T}{2}}^{\frac{T}{2}} \sin n\frac{2\pi}{T}t\cos m\frac{2\pi}{T}t\,dt \tag{1.5}$$

式 (1.5) 右辺の $\frac{a_0}{2}$ の項については, $\int_{-\frac{T}{2}}^{\frac{T}{2}}\cos m\frac{2\pi}{T}t\,dt = 0$ となる. また, $\cos n\frac{2\pi}{T}t$ の項については, 次の関係式が成り立つ.

$$\int_{-\frac{T}{2}}^{\frac{T}{2}} \cos n\frac{2\pi}{T}t\cos m\frac{2\pi}{T}t\,dt = \frac{1}{2}\int_{-\frac{T}{2}}^{\frac{T}{2}}\left(\cos(n+m)\frac{2\pi}{T}t + \cos(n-m)\frac{2\pi}{T}t\right)dt$$

この積分は, $n \ne m$ の場合と, $n = m$ の場合で分けて考える.

i) $n \ne m$ の場合

$\cos(n \pm m)\frac{2\pi}{T}$ の周期性から, 右辺の 2 つの積分は 0 となり,

$$\int_{-\frac{T}{2}}^{\frac{T}{2}} \cos n\frac{2\pi}{T}t\cos m\frac{2\pi}{T}t\,dt = 0 \tag{1.6}$$

が成り立つ.

第1章　フーリエ級数の基礎

ii)　$n = m$ の場合

$$\int_{-\frac{T}{2}}^{\frac{T}{2}} \cos n\frac{2\pi}{T}t \cos m\frac{2\pi}{T}t \, dt =$$

$$\int_{-\frac{T}{2}}^{\frac{T}{2}} \frac{1 + \cos \frac{4m\pi}{T}t}{2} dt = \frac{1}{2}\left[t + \frac{\sin \frac{4m\pi}{T}t}{\frac{4m\pi}{T}}\right]_{-\frac{T}{2}}^{\frac{T}{2}} = \frac{T}{2}$$

同様に，式 (1.5) の右辺の $\sin n\frac{2\pi}{T}t$ の項について考えると，

$$\int_{-\frac{T}{2}}^{\frac{T}{2}} \sin n\frac{2\pi}{T}t \cos m\frac{2\pi}{T}t \, dt =$$

$$\frac{1}{2}\int_{-\frac{T}{2}}^{\frac{T}{2}} \left\{\sin(n+m)\frac{2\pi}{T}t + \sin(n-m)\frac{2\pi}{T}t\right\} dt$$

であり，$n \neq m$，$n = m$ のいずれの場合でもこの積分は，

$$\int_{-\frac{T}{2}}^{\frac{T}{2}} \sin n\frac{2\pi}{T}t \cos m\frac{2\pi}{T}t \, dt = 0 \tag{1.7}$$

となることがわかる．

以上のことから，式 (1.5) の右辺では係数 a_m の項についてのみ積分が非0で残り，次のように a_m が求まる．

$$a_m = \frac{2}{T}\int_{-\frac{T}{2}}^{\frac{T}{2}} f(t) \cos m\frac{2\pi}{T}t \, dt \tag{1.8}$$

なお，式 (1.8) で $m = 0$ とおけば式 (1.4) に一致するので，a_0 も含めて a_m は式 (1.8) で求められる．

(3) フーリエ係数 $b_n (n = 1, 2, 3, \cdots)$

a_m を求めたのと同様の手順で，式 (1.3) の両辺に $\sin m\frac{2\pi}{T}t$ をかけて，1周期 $-\frac{T}{2} \leq t \leq \frac{T}{2}$ にわたって積分する．ここで，次の関係式

$$\frac{2}{T}\int_{-\frac{T}{2}}^{\frac{T}{2}} \sin n\frac{2\pi}{T}t \sin m\frac{2\pi}{T}t \, dt = \begin{cases} 1 & (n = m \neq 0) \\ 0 & (n \neq m) \end{cases} \tag{1.9}$$

と式 (1.7) に注意すると，b_m は次のように求まる．

$$b_m = \frac{2}{T} \int_{-\frac{T}{2}}^{\frac{T}{2}} f(t) \sin m \frac{2\pi}{T} t \, dt \tag{1.10}$$

以上，展開係数 $a_n(n = 0, 1, 2, \cdots)$，$b_n(n = 1, 2, 3, \cdots)$ は，それぞれ式 (1.8)，(1.10) で求められる．

また，周期 T で決まる基本角周波数（fundamental angular frequency）を $\omega_0 = \dfrac{2\pi}{T}$ とおいて，

$$f(t) = \frac{a_0}{2} + \sum_{n=1}^{\infty} a_n \cos n\omega_0 t + \sum_{n=1}^{\infty} b_n \sin n\omega_0 t \tag{1.11}$$

と書くこともできる．なお，$n\omega_0 (n \geq 2)$ を高調波（higher harmonics）と呼ぶ．

【例題 1.2】
1 周期分の波形が次の関数 $f_0(t)$ で表される矩形波（rectangular waveform）$f(t)$（図 1.3）を，フーリエ級数で展開せよ．

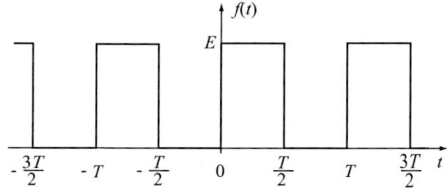

図 1.3　矩形波

$$f_0(t) = \begin{cases} E & \left(0 < t < \frac{T}{2}\right) \\ 0 & \left(-\frac{T}{2} < t < 0\right) \end{cases} \tag{1.12}$$

第 1 章　フーリエ級数の基礎

　[解答]

　フーリエ係数 $a_n (n=0,1,2,\cdots)$, $b_n (n=1,2,3,\cdots)$ を，それぞれ式 (1.8)，式 (1.10) に従って計算する．まず，a_n は次のようになる．

$$a_n = \frac{2}{T}\int_0^{\frac{T}{2}} E\cos n\frac{2\pi}{T}t\,dt$$

i)　$n=0$ の場合

$$a_0 = \frac{2}{T}\int_0^{\frac{T}{2}} E\,dt = E$$

ii)　$n\neq 0$ の場合

$$a_n = \frac{2E}{T}\left[\frac{\sin n\frac{2\pi}{T}t}{n\frac{2\pi}{T}}\right]_0^{\frac{T}{2}} = \frac{E}{n\pi}\sin n\pi = 0$$

次に，b_n は次のようになる．

$$b_n = \frac{2}{T}\int_0^{\frac{T}{2}} E\sin n\frac{2\pi}{T}t\,dt =$$

$$\frac{2E}{T}\left[-\frac{\cos n\frac{2\pi}{T}t}{n\frac{2\pi}{T}}\right]_0^{\frac{T}{2}} = \frac{E}{n\pi}(-\cos n\pi + 1) = E\frac{1-(-1)^n}{n\pi}$$

n が偶数 (even number) の場合，

$$b_n = b_{2m} = 0 \quad (m=1,2,3,\cdots)$$

であり，n が奇数 (odd number) の場合，

$$b_n = b_{2m-1} = \frac{2E}{(2m-1)\pi} \quad (m=1,2,3,\cdots)$$

となる．したがって，図 1.3 の矩形波 $f(t)$ は，次のようにフーリエ級数に展開される．

$$f(t) = \frac{E}{2} + \frac{2E}{\pi}\sum_{n=1}^{\infty}\frac{1}{2n-1}\sin(2n-1)\frac{2\pi}{T}t \qquad (1.13)$$

1.2.2 正弦関数および余弦関数の直交性

式 (1.6), (1.7), (1.9) は正弦関数および余弦関数の直交性 (orthogonality) を表しており，次の式でまとめることができる．

$$\frac{2}{T}\int_{-\frac{T}{2}}^{\frac{T}{2}} \cos n\frac{2\pi}{T}t \cos m\frac{2\pi}{T}t\, dt = \begin{cases} 1 & (n = m \neq 0) \\ 0 & (n \neq m) \end{cases} \tag{1.14a}$$

$$\frac{2}{T}\int_{-\frac{T}{2}}^{\frac{T}{2}} \sin n\frac{2\pi}{T}t \sin m\frac{2\pi}{T}t\, dt = \begin{cases} 1 & (n = m \neq 0) \\ 0 & (n \neq m) \end{cases} \tag{1.14b}$$

$$\int_{-\frac{T}{2}}^{\frac{T}{2}} \sin n\frac{2\pi}{T}t \cos m\frac{2\pi}{T}t\, dt = 0 \tag{1.14c}$$

ここで，式 (1.14a) 〜 (1.14c) では積分範囲を $-\frac{T}{2} \leq t \leq \frac{T}{2}$ としたが，これを1周期にわたる任意の区間 $t_0 \leq t \leq t_0 + T$ に変更しても，正弦関数および余弦関数の直交性が成り立つ．この直交関係を用いると，フーリエ係数は式 (1.8)，式 (1.10) の代わりに，次の式で求められることがわかる．

$$a_n = \frac{2}{T}\int_{t_0}^{t_0+T} f(t) \cos n\frac{2\pi}{T}t\, dt \quad (n = 0, 1, 2, \cdots) \tag{1.15}$$

$$b_n = \frac{2}{T}\int_{t_0}^{t_0+T} f(t) \sin n\frac{2\pi}{T}t\, dt \quad (n = 1, 2, 3, \cdots) \tag{1.16}$$

1.3 フーリエ級数展開

前節で述べたフーリエ級数展開を理解するために，実際に周期関数のフーリエ係数を求めてみよう．

【例題 1.3】

時間的に角周波数（angular frequency）ω で単振動する正弦波 $\sin\omega t$ のうち，値が非負の部分を取り出すと半波整流波形（half-wave rectification）（図 1.4）が得られる．この波形をフーリエ級数展開せよ．

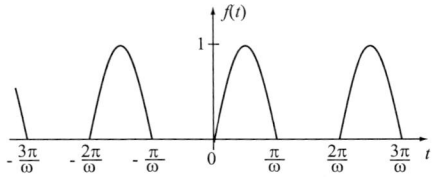

図 **1.4**　半波整流波形

［解答］

この波形は，周期 $T = \dfrac{2\pi}{\omega}$ の周期波形であるが，1 周期の半分の区間 $-\dfrac{T}{2} < t < 0$ において関数の値が 0 になることに注意すると，フーリエ係数は次のように求まる．

まず，$a_n(n = 0, 1, 2, \cdots)$ について計算する．

$$a_n = \frac{2}{T}\int_0^{\frac{T}{2}} \sin\omega t \cos n\frac{2\pi}{T} t\, dt$$
$$= \frac{1}{T}\int_0^{\frac{T}{2}} \left\{\sin(n+1)\frac{2\pi}{T}t - \sin(n-1)\frac{2\pi}{T}t\right\} dt$$

$n = 1$ の場合，

$$a_1 = \frac{1}{T}\int_0^{\frac{T}{2}} \sin\frac{4\pi}{T}t\, dt = \frac{1}{T}\left[-\frac{\cos\frac{4\pi}{T}t}{\frac{4\pi}{T}}\right]_0^{\frac{T}{2}} = \frac{1}{4\pi}(1 - \cos 2\pi) = 0$$

となり，$n \neq 1$ の場合，

1.3 フーリエ級数展開

$$a_n = \frac{1}{T}\left[-\frac{\cos(n+1)\frac{2\pi}{T}t}{(n+1)\frac{2\pi}{T}} + \frac{\cos(n-1)\frac{2\pi}{T}t}{(n-1)\frac{2\pi}{T}}\right]_0^{\frac{T}{2}}$$

$$= \frac{1}{2\pi}\left\{-\frac{\cos(n+1)\pi - 1}{n+1} + \frac{\cos(n-1)\pi - 1}{n-1}\right\}$$

$$= \frac{\cos n\pi + 1}{2\pi}\left(\frac{1}{n+1} - \frac{1}{n-1}\right) = \frac{1+(-1)^n}{\pi(1-n^2)}$$

となる．すなわち，n が偶数 $2m$ の場合，$a_{2m} = \dfrac{2}{\pi(1-4m^2)}$，$n$ が奇数の場合，$a_n = 0$ となる．

同様に，$b_n(n=1,2,3,\cdots)$ について計算する．

$$b_n = \frac{2}{T}\int_0^{\frac{T}{2}} \sin\omega t \sin n\frac{2\pi}{T}t\,dt$$

$$= \frac{1}{T}\int_0^{\frac{T}{2}} \left\{-\cos(n+1)\frac{2\pi}{T}t + \cos(n-1)\frac{2\pi}{T}t\right\}dt$$

$n=1$ の場合，

$$b_1 = \frac{1}{T}\int_0^{\frac{T}{2}}\left(-\cos\frac{4\pi}{T}t + 1\right)dt = \frac{1}{T}\left[-\frac{\sin\frac{4\pi}{T}t}{\frac{4\pi}{T}} + t\right]_0^{\frac{T}{2}} = \frac{1}{2}$$

となり，$n \neq 1$ の場合，

$$b_n = \frac{1}{T}\left[-\frac{\sin(n+1)\frac{2\pi}{T}t}{(n+1)\frac{2\pi}{T}} + \frac{\sin(n-1)\frac{2\pi}{T}t}{(n-1)\frac{2\pi}{T}}\right]_0^{\frac{T}{2}}$$

$$= \frac{1}{2\pi}\left\{-\frac{\sin(n+1)\pi}{n+1} + \frac{\sin(n-1)\pi}{n-1}\right\} = 0$$

となる．

以上の結果をまとめると，半波整流波形は次のようにフーリエ級数展開することができる．

第 1 章　フーリエ級数の基礎

$$f(t) = \frac{a_0}{2} + \sum_{n=1}^{\infty} a_n \cos n \frac{2\pi}{T} t + \sum_{n=1}^{\infty} b_n \sin n \frac{2\pi}{T} t$$

$$= \frac{1}{\pi} + \frac{1}{2} \sin \omega t + \frac{2}{\pi} \sum_{n=1}^{\infty} \frac{1}{1 - 4n^2} \cos 2n\omega t \qquad (1.17)$$

【例題 1.4】

次の $f_0(t)$ で 1 周期分が与えられる繰り返し波形 $f(t)$（図 1.5）を，フーリエ級数で展開せよ．

$$f_0(t) = t \quad (-\pi < t < \pi)$$

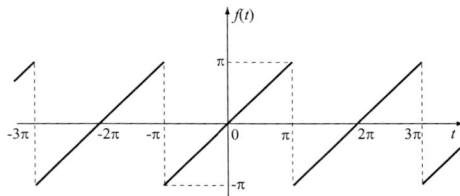

図 1.5　のこぎり波形

［解答］

周期 $T = 2\pi$ として，フーリエ係数 a_n, b_n を計算する．まず，$a_n (n = 0, 1, 2, \cdots)$ について計算する．

1.3 フーリエ級数展開

$$a_n = \frac{2}{T}\int_{-\frac{T}{2}}^{\frac{T}{2}} t\cos n\frac{2\pi}{T}tdt = \frac{1}{\pi}\left(\int_{-\pi}^{0} t\cos ntdt + \int_{0}^{\pi} t\cos ntdt\right)$$
$$= \frac{1}{\pi}\left(\int_{\pi}^{0}(-t)\cos(-nt)(-dt) + \int_{0}^{\pi} t\cos ntdt\right)$$
$$= \frac{1}{\pi}\left(-\int_{0}^{\pi} t\cos ntdt + \int_{0}^{\pi} t\cos ntdt\right) = 0$$

また,フーリエ係数 $b_n(n=1,2,3,\cdots)$ は次のように求まる.

$$b_n = \frac{1}{\pi}\int_{-\pi}^{\pi} t\sin ntdt = \frac{2}{\pi}\int_{0}^{\pi} t\sin ntdt$$
$$= \frac{2}{\pi}\left[-\frac{t\cos nt}{n}\right]_{0}^{\pi} + \frac{2}{\pi}\int_{0}^{\pi}\frac{\cos nt}{n}dt$$
$$= \frac{2}{n\pi}(-\pi\cos n\pi) + \frac{2}{n^2\pi}[\sin nt]_{0}^{\pi} = \frac{2}{n}(-1)^{n+1}$$

したがって,$f(t)$ は次のようにフーリエ級数に展開される.

$$\begin{aligned}f(t) &= 2\sum_{n=1}^{\infty}\frac{(-1)^{n+1}}{n}\sin nt \\ &= 2\left(\sin t - \frac{1}{2}\sin 2t + \frac{1}{3}\sin 3t - \frac{1}{4}\sin 4t + \cdots\right)\end{aligned} \quad (1.18)$$

演習問題

[演習 1.1] 次の (1) 〜 (3) において,$f(t)$ を入力,$y(t)$ を応答とする.(1) 〜 (3) について入力と応答の間に線形性が成り立つかどうか,理由とともに答えよ.ただし,a, b はいずれも変数 t によらない定数である.

(1) $y(t) = \dfrac{a}{f(t)}$

(2) $\dfrac{d^2 y(t)}{dt^2} + a \dfrac{dy(t)}{dt} + b y(t) = f(t)$

(3) $a \displaystyle\int y(t) dt = f(t)$

[演習 1.2] 1 周期分の波形が次の関数 $f_0(t)$ で表される矩形波 $f(t)$(図 1.6)をフーリエ級数で展開し,得られた結果を例題 1.2 と比較せよ.

$$f_0(t) = \begin{cases} E & \left(|t| < \dfrac{T}{4}\right) \\ 0 & \left(\dfrac{T}{4} < |t| < \dfrac{T}{2}\right) \end{cases}$$

1.3 フーリエ級数展開

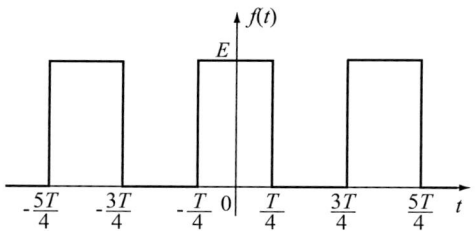

図 1.6　矩形波

[演習 1.3] 前問のフーリエ級数展開の結果を利用して，次の級数和を求めよ．

$$1 - \frac{1}{3} + \frac{1}{5} - \frac{1}{7} + \cdots$$

第 2 章
フーリエ級数の性質

前章で任意の周期関数を正弦関数と余弦関数の線形和で表し，フーリエ級数展開できることを説明した．本章では，対象とする関数が周期関数ではない場合にフーリエ級数展開の考え方を拡張することを考える．さらに，関数の偶奇性による特徴，不連続関数のフーリエ級数展開，フーリエ級数の項別微分などフーリエ級数の性質について述べる．

2.1 非周期関数のフーリエ級数

前章で述べたように，任意の周期関数はフーリエ級数展開を用いて既知の周期関数の線形和として表すことができる．ここでは，周期性のない関数をフーリエ級数展開で表すことを考える．

（1）限定された区間で定義された関数

関数 $f(t)$ が，区間 $t_1 \leq t \leq t_2$ のみで定義されている場合を考える（図 2.1）．関数が定義されている区間 $t_1 \leq t \leq t_2$ を 1 周期 T と考えて $f(t)$ をフーリエ級数で展開すると，級数はこの区間で $f(t)$ に一致する．このとき，$t_1 \leq t \leq t_2$ 以外の区間では，$t_1 \leq t \leq t_2$ でフーリエ級数展開された結果が周期的に現れる．もともと $f(t)$ は $t_1 \leq t \leq t_2$ 以外の区間では定義されてい

第 2 章　フーリエ級数の性質

ないので，フーリエ級数展開して得られる結果は，$t_1 \leq t \leq t_2$ 以外の区間では $f(t)$ とは無関係な結果を表している．

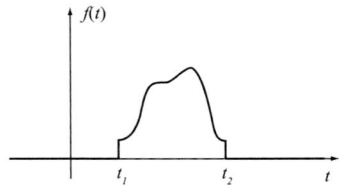

図 **2.1**　限定された区間で定義された関数

(2)　$-\infty < t < \infty$ で定義された非周期関数（**non-periodic function**）

区間 $-\infty < t < \infty$ で定義されているが周期性のない関数 $g(t)$ を考える（図 2.2）．このような関数に対して，局所的な任意の区間で $g(t)$ をフーリエ級数で展開することができる．すなわち，展開する区間を $t_1 \leq t \leq t_2$ として次のように $f(t)$ を考える．

$$f(t + mT) = g(t) \quad (t_1 \leq t \leq t_2, m \text{ は整数}) \tag{2.1}$$

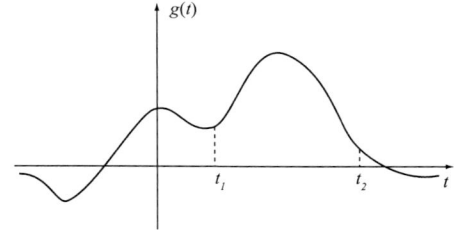

図 **2.2**　$-\infty < t < \infty$ で定義された非周期関数

このようにして定めた $f(t)$ は $T = t_2 - t_1$ を 1 周期とする周期関数になるので，フーリエ級数に展開することができる．

注目する区間 $t_1 \leq t \leq t_2$ において $f(t)$ は $g(t)$ と一致しているので，この区間では $f(t)$ のフーリエ級数が $g(t)$ のフーリエ級数となる．なお，$t_1 \leq t \leq t_2$ 以外の区間では，$f(t)$ のフーリエ級数は $g(t)$ を正しく表していない．

(3) 定義域の拡大

たとえば，$0 \leq t \leq t_0$ だけで定義されている関数 $f(t)$ のフーリエ級数を考える．(1) の方法に従うと，関数 $f(t)$ を周期 $T = t_0$ の周期関数と見なしてフーリエ級数に展開することができる．しかし，$-t_0 \leq t \leq 0$ における値を適当に定義して，$f(t)$ を $-t_0 \leq t \leq t_0$ の範囲で定義された周期 $T = 2t_0$ の関数であると見なしてフーリエ級数に展開してもよい．この場合，次節の「関数の偶奇性とフーリエ係数」で述べるように，$-t_0 \leq t \leq 0$ における値を関数が偶関数（even function）または奇関数（odd function）となるように定義すれば展開係数を少なくすることができる．

2.2 関数の偶奇性とフーリエ係数

$f(t)$ は周期 T の周期関数であり，1 周期の波形が無限に繰り返される．

$$f(t) = f(t + mT) \quad (m = 0, \pm 1, \pm 2, \cdots)$$

$f(t)$ の時間原点を適当に選ぶことによって，時間変数 t に関して偶関数もしくは奇関数とすることができる場合がある．対象とする関数 $f(t)$ の偶奇性によってフーリエ係数がどのようになるか考えてみる．

(1) $f(t)$ が偶関数の場合

偶関数 $f(t)$ では，$f(-t) = f(t)$ であるから，

第 2 章　フーリエ級数の性質

$$b_n = \frac{2}{T}\int_{-\frac{T}{2}}^{\frac{T}{2}} f(t)\sin n\frac{2\pi}{T}t\,dt$$

$$= \frac{2}{T}\left(\int_{\frac{T}{2}}^{0} f(-t)\sin n\frac{2\pi}{T}t\,dt + \int_{0}^{\frac{T}{2}} f(t)\sin n\frac{2\pi}{T}t\,dt\right)$$

$$= \frac{2}{T}\left(\int_{\frac{T}{2}}^{0} f(t)\sin n\frac{2\pi}{T}t\,dt + \int_{0}^{\frac{T}{2}} f(t)\sin n\frac{2\pi}{T}t\,dt\right) = 0$$

となる．すなわち，偶関数をフーリエ級数展開する場合には，奇関数成分 $\sin n\frac{2\pi}{T}t$ は不要ということである．　なお，$f(t)$ が偶関数の場合，a_n は次の式で求められる．

$$a_n = \frac{2}{T}\left(-\int_{\frac{T}{2}}^{0} f(-t)\cos n\frac{2\pi}{T}t\,dt + \int_{0}^{\frac{T}{2}} f(t)\cos n\frac{2\pi}{T}t\,dt\right)$$

$$= \frac{2}{T}\left(\int_{0}^{\frac{T}{2}} f(t)\cos n\frac{2\pi}{T}t\,dt + \int_{0}^{\frac{T}{2}} f(t)\cos n\frac{2\pi}{T}t\,dt\right)$$

$$= \frac{4}{T}\int_{0}^{\frac{T}{2}} f(t)\cos n\frac{2\pi}{T}t\,dt \tag{2.2}$$

（2）$f(t)$ が奇関数の場合

$f(-t) = -f(t)$ であるから，

$$a_n = \frac{2}{T}\int_{-\frac{T}{2}}^{\frac{T}{2}} f(t)\cos n\frac{2\pi}{T}t\,dt$$

$$= \frac{2}{T}\left(-\int_{\frac{T}{2}}^{0} f(-t)\cos n\frac{2\pi}{T}t\,dt + \int_{0}^{\frac{T}{2}} f(t)\cos n\frac{2\pi}{T}t\,dt\right)$$

$$= \frac{2}{T}\left(-\int_{0}^{\frac{T}{2}} f(t)\cos n\frac{2\pi}{T}t\,dt + \int_{0}^{\frac{T}{2}} f(t)\cos n\frac{2\pi}{T}t\,dt\right) = 0$$

となる．すなわち，奇関数をフーリエ級数展開する場合には，偶関数成分 $\cos n\frac{2\pi}{T}t$ は不要ということである．　なお，$f(t)$ が奇関数の場合，b_n は次の式で求められる．

2.2 関数の偶奇性とフーリエ係数

$$b_n = \frac{2}{T} \left(\int_{-\frac{T}{2}}^{0} f(t) \sin n\frac{2\pi}{T} t dt + \int_{0}^{\frac{T}{2}} f(t) \sin n\frac{2\pi}{T} t dt \right)$$

$$= \frac{2}{T} \left(\int_{\frac{T}{2}}^{0} f(-t) \sin n\frac{2\pi}{T} t dt + \int_{0}^{\frac{T}{2}} f(t) \sin n\frac{2\pi}{T} t dt \right)$$

$$= \frac{4}{T} \int_{0}^{\frac{T}{2}} f(t) \sin n\frac{2\pi}{T} t dt \tag{2.3}$$

【例題 2.1】
次の $f_0(t)$ で 1 周期分が与えられる繰り返し波形 $f(t)$ (図 2.3) をフーリエ級数で展開せよ．

$$f_0(t) = |t| \quad (-\pi < t < \pi) \tag{2.4}$$

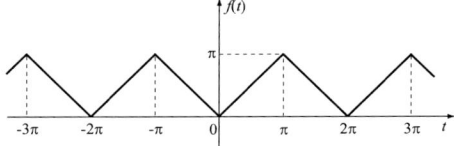

図 **2.3** 1 周期分が $f_0(t)$ で与えられる繰り返し波形 $f(t)$

［解答］
$f(t)$ は周期 $T = 2\pi$ の偶関数であるから，フーリエ係数 b_n は 0 になり，a_n は式 (2.2) より，次のように求まる．

$n = 0$ の場合，
$$a_0 = \frac{2}{\pi} \int_{0}^{\pi} t dt = \pi$$

$n \neq 0$ の場合,

$$a_n = \frac{2}{\pi}\int_0^\pi t\cos nt\,dt = \frac{2}{\pi}\left[t\frac{\sin nt}{n}\right]_0^\pi - \frac{2}{\pi}\int_0^\pi \frac{\sin nt}{n}dt$$
$$= \frac{2}{\pi}\left[\frac{\cos nt}{n^2}\right]_0^\pi = \frac{2}{\pi}\frac{(-1)^n - 1}{n^2}$$

したがって,$f(t)$ のフーリエ級数は次式で与えられる.

$$\begin{aligned}f(t) &= \frac{\pi}{2} + \frac{2}{\pi}\sum_{n=1}^\infty \frac{(-1)^n - 1}{n^2}\cos nt \\ &= \frac{\pi}{2} - \frac{4}{\pi}\left(\cos t + \frac{1}{3^2}\cos 3t + \frac{1}{5^2}\cos 5t + \cdots\right)\end{aligned} \quad (2.5)$$

2.3　不連続点におけるフーリエ級数

　与えられた区間において,有限個の点を除いて連続であり,不連続点 (discontinuity) で片側極限値が存在する関数を,区分的に連続な関数 (piecewise continuous function) という.区間 $-\frac{T}{2} < t < \frac{T}{2}$ において区分的に連続な関数を $f_0(t)$ とし,$f_0(t)$ を周期 T で繰り返し時間軸上に並べた関数を $f(t)$ とする.関数 $f(t)$ は周期関数であるから,式 (1.3) でフーリエ級数展開することができ,フーリエ係数 a_n, b_n は,それぞれ式 (1.8),(1.10) によって求められる.このとき,フーリエ級数展開は,不連続点以外の区間において関数 $f(t)$ に一致する.不連続点 $t_i(i=1,2,3,\cdots)$ の前後では,関数 $f(t)$ は異なる値 $f(t_i - 0)$ と $f(t_i + 0)$ をもつ (図 2.4).フーリエ級数展開の結果は,これらの平均値

$$\frac{1}{2}\left(f(t_i - 0) + f(t_i + 0)\right) \quad (2.6)$$

に一致する.

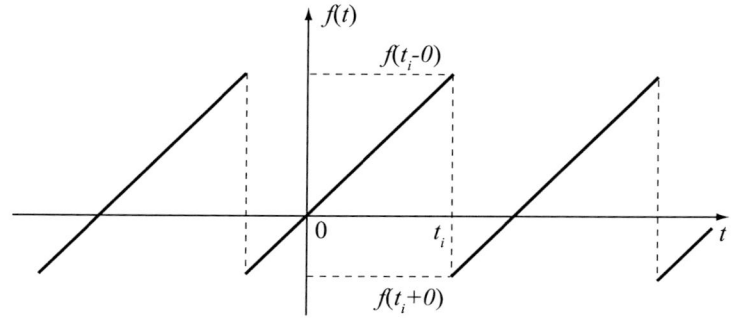

図 **2.4** 関数の不連続点

2.4 フーリエ級数の収束

2.4.1 級数の収束（convergence of series）

　式（1.3）で表したように，フーリエ級数展開は無限級数和で表現される．しかし，実際の計算では無限の項数について級数和をとることはできず，有限の項数 N で級数和を打ち切る必要がある．この場合，フーリエ級数はもとの関数に対して誤差をもつ．一般的には項数 N が大きいほど，級数ともとの関数との誤差は小さくなると考えられる．半波整流波形と矩形波について，フーリエ展開の項数を増やしながら，収束（convergence）の様子を調べる．

（1）半波整流波形
　例題 1.3 で述べたように，半波整流波形をフーリエ級数で展開すると次式

第 2 章 フーリエ級数の性質

(前章の式 (1.17)) のように求まる.

$$f(t) = \frac{1}{\pi} + \frac{1}{2}\sin\omega t + \frac{2}{\pi}\sum_{n=1}^{\infty}\frac{1}{1-4n^2}\cos 2n\omega t$$

右辺第 3 項目の級数を項数 N で打ち切り,有限な項数で表される次の級数 $f'(t)$ を考える.

$$f'(t) = \frac{1}{\pi} + \frac{1}{2}\sin\omega t + \frac{2}{\pi}\sum_{n=1}^{N}\frac{1}{1-4n^2}\cos 2n\omega t \tag{2.7}$$

項数 N を変化させて $f'(t)$ を計算した結果を,図 2.5 に示す.N が増加するにつれて,有限項数の級数和 $f'(t)$ がもとの半波整流波形に近づくことがわかる.

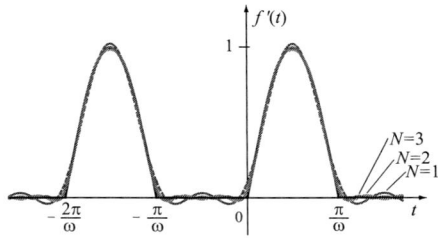

図 **2.5** 半波整流波形

(2) 矩形波

例題 1.2 で求めたように,次の関数 $f_0(t)$ を繰り返した矩形波 $f(t)$

$$f_0(t) = \begin{cases} 1 & (0 < t < \pi) \\ 0 & (-\pi < t < 0) \end{cases}$$

をフーリエ級数で展開し(前章の式 (1.13)),展開項数(number of terms

in a series）を N で打ち切ると次の式を得る．

$$f'(t) = \frac{1}{2} + \frac{2}{\pi} \sum_{n=1}^{N} \frac{1}{2n-1} \sin(2n-1)t \tag{2.8}$$

ここで，簡単化のため振幅（amplitude）を $E=1$，周期は $T=2\pi$ とした．

$f'(t)$ は，項数 N によって図 2.6 に示すように変化する．半波整流波形の場合と同様に，展開項数 N が増加するにつれて，有限項数の級数和 $f'(t)$ は矩形波に近づく様子が読みとれる．

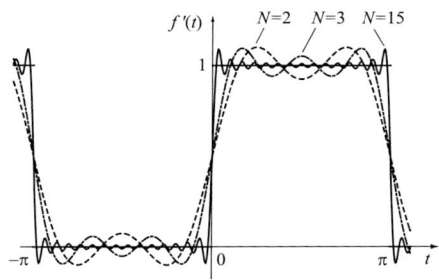

図 **2.6** 矩形波

2.4.2 ギブスの現象

関数 $f(t)$ が不連続な点においては，フーリエ級数は一様に収束せず，その点で跳躍現象がみられる．これをギブスの現象（Gibbs phenomenon）と呼ぶ．たとえば，前項（2）の矩形波のフーリエ級数展開で，展開項数 N を増やすと $f'(t)$ は関数 $f(t)$ に近づくが，$t=m\pi$（m は整数）の不連続点で $f'(t)$ の値が跳躍している様子が観察される．すなわち，不連続点では，不連続の平均値 $\frac{1}{2}(f(t_i-0)+f(t_i+0))$ に収束するのではなく，波形の上下に振幅の約 8.9% の跳躍が起こる．

ギブスの現象は，各不連続点を中心とする，ある狭い区間で平均をとり，

第 2 章　フーリエ級数の性質

その平均値を不連続点における関数値とすることによって平滑化することができる．

2.5　フーリエ級数の項別微分

　フーリエ級数が一様収束であるとき各項ごとに積分することができるが，各項ごとに微分することはいつも可能であるとは限らない．このことは，次の例題を考えてみればわかる．

【例題 2.2】
　次の関数 $f_0(t)$ で 1 周期分が与えられる繰り返し波形 $f(t)$ のフーリエ級数展開を項別微分（termwise differentiation）して，その結果が $f(t)$ の微分と一致するかどうか調べよ．

$$f_0(t) = t \quad (-\pi < t < \pi) \tag{2.9}$$

［解答］
例題 1.4 で述べたように，$f(t)$ のフーリエ級数展開は，次式で与えられる．

$$f(t) = 2\left(\sin t - \frac{1}{2}\sin 2t + \frac{1}{3}\sin 3t - \frac{1}{4}\sin 4t + \cdots\right) \tag{2.10}$$

式（2.10）の右辺を項別に微分すると，

$$2(\cos t - \cos 2t + \cos 3t - \cos 4t + \cdots)$$

となる．この級数は，項数を無限個まで増加させても収束しない．たとえば，$t = 0$ で

$$2(1 - 1 + 1 - 1 + \cdots)$$

2.5 フーリエ級数の項別微分

となり，項数を増やしても収束しない．一方，$t = \pm\pi, \pm 3\pi, \pm 5\pi, \cdots$ 以外の t において $\dfrac{df(t)}{dt} = 1$ である．すなわち，フーリエ級数展開した右辺の項別微分は，もとの関数の微分と一致しない．

これとは異なり，次の場合には，フーリエ級数展開した結果を項別微分しても，もとの関数の微分と一致する．

【例題 2.3】

次の $f_0(t)$ で 1 周期分が与えられる繰り返し波形 $f(t)$ のフーリエ級数展開を項別微分して，その結果が $f(t)$ の微分と一致するかどうか調べよ．

$$f_0(t) = |t| \quad (-\pi < t < \pi) \tag{2.11}$$

［解答］

例題 2.1 で述べたように，$f(t)$ のフーリエ級数展開は，次式で与えられる．

$$f(t) = \frac{\pi}{2} - \frac{4}{\pi}\left(\cos t + \frac{1}{3^2}\cos 3t + \frac{1}{5^2}\cos 5t + \cdots\right) \tag{2.12}$$

式 (2.12) の右辺を項別に微分すると，

$$\frac{4}{\pi}\left(\sin t + \frac{1}{3}\sin 3t + \frac{1}{5}\sin 5t + \cdots\right) \tag{2.13}$$

となる．

一方，$f(t)$ を微分すると，1 周期分が次の関数 $f_0'(t)$ で与えられる繰り返し波形 $g(t)$ となる．

$$f_0'(t) = \begin{cases} 1 & (0 < t < \pi) \\ -1 & (-\pi < t < 0) \end{cases}$$

$g(t)$ は奇関数であるから，そのフーリエ係数は $a_n = 0$ であり，

$$b_n = \frac{2}{\pi}\int_0^\pi \sin nt\, dt = \frac{2}{\pi}\left[-\frac{\cos nt}{n}\right]_0^\pi = \frac{2}{\pi}\frac{1-\cos n\pi}{n} = \frac{2}{\pi}\frac{1-(-1)^n}{n}$$

第2章　フーリエ級数の性質

となる．ここで，n が偶数 $2m$ の場合 $b_{2m} = 0$ であり，n が奇数 $2m-1$ の場合 $b_{2m-1} = \dfrac{4}{\pi(2m-1)}$ となる．したがって，$g(t)$ は次のようにフーリエ級数に展開される．

$$g(t) = \frac{4}{\pi}\left(\sin t + \frac{1}{3}\sin 3t + \frac{1}{5}\sin 5t + \cdots\right) \tag{2.14}$$

この結果は，式（2.13）と一致する．すなわち，$f(t)$ のフーリエ級数展開を項別に微分した結果は，$f(t)$ の微分と一致する．

例題 2.2 と 2.3 の違いは何であろうか．例題 2.2 で考えた関数は $t = \pm\pi, \pm 3\pi, \pm 5\pi, \cdots$ で不連続な関数（discontinuous function）である．一方，例題 2.3 で考えた関数は，全ての t において連続している．このことから，連続関数（continuous function）のフーリエ級数を項別に微分した結果はもとの関数の微分に一致するが，不連続点を含む関数の項別微分はもとの関数の微分と一致しないということが言えそうである．

この証明は，読者に演習問題として課すことにする．

2.5 フーリエ級数の項別微分

演習問題

[演習 2.1] 次の問に答えよ．

(1) 図 2.7 の関数 $f(t)$ を偶奇性を利用してフーリエ展開せよ．

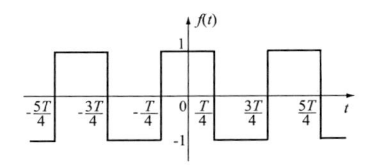

図 2.7　矩形波 $f(t)$

(2) 図 2.8 の関数 $g(t)$ をフーリエ展開し，その結果を (1) の結果と比較せよ．

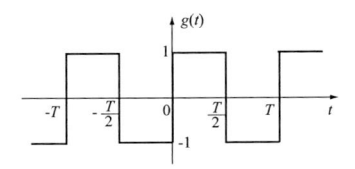

図 2.8　矩形波 $g(t)$

[演習 2.2] 関数 $f(t)$ が周期 T の周期関数であり，かつ滑らかな関数であれば，$f(t)$ の一次導関数 $\dfrac{df(t)}{dt}$ のフーリエ級数は $f(t)$ のフーリエ級数を項別微分して求めることができることを示せ．

第 3 章
複素フーリエ級数

　正弦関数および余弦関数によるフーリエ級数展開とは異なる方法である，複素指数関数を用いてフーリエ級数展開する方法を説明する．さらに，線形システムに対してフーリエ級数の考え方をどのように用いるのか，線形回路を例に挙げて説明する．

3.1　複素指数関数によるフーリエ級数

　オイラーの公式（Euler's formula）

$$e^{jx} = \cos x + j \sin x$$
$$e^{-jx} = \cos x - j \sin x$$

を用いて $\cos x$, $\sin x$ を複素指数関数（complex exponential function）で表す．

$$\cos x = \frac{e^{jx} + e^{-jx}}{2}$$
$$\sin x = \frac{e^{jx} - e^{-jx}}{2j}$$

　なお，電気工学の慣例に従い，虚数単位（imaginary unit）は $\sqrt{-1} = j$ を用いている．これを，フーリエ級数に代入すると次の式を得る．

第 3 章　複素フーリエ級数

$$\begin{aligned}
f(t) &= \frac{a_0}{2} + \sum_{n=1}^{\infty} a_n \cos n\frac{2\pi}{T}t + \sum_{n=1}^{\infty} b_n \sin n\frac{2\pi}{T}t \\
&= \frac{a_0}{2} + \sum_{n=1}^{\infty} \frac{a_n}{2}\left\{\exp\left(jn\frac{2\pi}{T}t\right) + \exp\left(-jn\frac{2\pi}{T}t\right)\right\} \\
&\quad + \sum_{n=1}^{\infty} \frac{b_n}{2j}\left\{\exp\left(jn\frac{2\pi}{T}t\right) - \exp\left(-jn\frac{2\pi}{T}t\right)\right\} \\
&= \frac{a_0}{2} + \sum_{n=1}^{\infty} \frac{a_n - jb_n}{2}\exp\left(jn\frac{2\pi}{T}t\right) + \sum_{n=1}^{\infty} \frac{a_n + jb_n}{2}\exp\left(-jn\frac{2\pi}{T}t\right)
\end{aligned} \tag{3.1}$$

ここで，新たに係数 c_n を次のように定める．

$$c_n = \frac{a_n - jb_n}{2} \tag{3.2}$$

a_n および b_n の表現式 (第 1 章の式 (1.8) と (1.10)) で $n(n=1,2,3,\cdots)$ を $-n$ と書き換えると，次式を得る．

$$\begin{aligned}
a_{-n} &= \frac{2}{T}\int_{-\frac{T}{2}}^{\frac{T}{2}} f(t)\cos\left(-n\frac{2\pi}{T}t\right)dt = \frac{2}{T}\int_{-\frac{T}{2}}^{\frac{T}{2}} f(t)\cos\left(n\frac{2\pi}{T}t\right)dt = a_n \\
b_{-n} &= \frac{2}{T}\int_{-\frac{T}{2}}^{\frac{T}{2}} f(t)\sin\left(-n\frac{2\pi}{T}t\right)dt = -\frac{2}{T}\int_{-\frac{T}{2}}^{\frac{T}{2}} f(t)\sin\left(n\frac{2\pi}{T}t\right)dt = -b_n
\end{aligned}$$

c_{-n} を次のように定義すると，

$$c_{-n} = \frac{a_{-n} - jb_{-n}}{2} = \frac{a_n + jb_n}{2}$$

式 (3.1) の右辺第 3 項は，

$$\begin{aligned}
\sum_{n=1}^{\infty} \frac{a_n + jb_n}{2}\exp\left(-jn\frac{2\pi}{T}t\right) &= \sum_{n=1}^{\infty} c_{-n}\exp\left\{j(-n)\frac{2\pi}{T}t\right\} \\
&= \sum_{n=-1}^{-\infty} c_n \exp\left(jn\frac{2\pi}{T}t\right)
\end{aligned}$$

3.1 複素指数関数によるフーリエ級数

と変形することができる．さらに，$c_0 = \dfrac{a_0 - jb_0}{2} = \dfrac{a_0}{2}$ である．以上のことより，式 (3.1) は次式のようにまとめることができる．

$$f(t) = \sum_{n=-\infty}^{\infty} c_n \exp\left(jn\frac{2\pi}{T}t\right) \tag{3.3}$$

ここで，c_n をあらためて複素フーリエ係数 (complex Fourier coefficient) と呼ぶことにすると，複素フーリエ係数は $n = 0, \pm 1, \pm 2, \cdots$ に対して次式で与えられる．

$$c_n = \frac{1}{T} \int_{-\frac{T}{2}}^{\frac{T}{2}} f(t) \exp\left(-jn\frac{2\pi}{T}t\right) dt \tag{3.4}$$

式 (3.3) のように，複素フーリエ係数 c_n を用いた複素指数関数による関数 $f(t)$ の級数展開を，フーリエ級数の複素表現あるいは複素フーリエ級数展開 (complex Fourier series expansion) という．

関数 $f(t)$ が実関数（関数値として実数値をとる関数; real function）の場合は，フーリエ係数 a_n および b_n はすべて実数になるので，式 (3.2) より，c_n の複素共役 (complex conjugate) c_n^* について，

$$c_n^* = \frac{a_n + jb_n}{2} = c_{-n} \tag{3.5}$$

が成り立つ．このとき，複素フーリエ級数展開は次のようになる．

$$\begin{aligned} f(t) &= c_0 + \sum_{n=1}^{\infty} \left(c_n \exp\left(jn\frac{2\pi}{T}t\right) + c_{-n} \exp\left(-jn\frac{2\pi}{T}t\right)\right) \\ &= c_0 + \sum_{n=1}^{\infty} 2\mathrm{Re}\left[c_n \exp\left(jn\frac{2\pi}{T}t\right)\right] \end{aligned} \tag{3.6}$$

ただし，$\mathrm{Re}[z]$ は複素数 z の実数部 (real part) を表す．式 (3.6) で $\omega_0 = \dfrac{2\pi}{T}$ とおけば，$f(t)$ は次のように表される．

$$f(t) = c_0 + \sum_{n=1}^{\infty} 2\mathrm{Re}\left[c_n \exp(jn\omega_0 t)\right] \tag{3.7}$$

第 3 章　複素フーリエ級数

【例題 3.1】
第 1 章の図 1.3 に示す関数 $f(t)$ を複素フーリエ級数で展開せよ．

［解答］
この関数の 1 周期分は第 1 章の式（1.12）で与えられるので，式（3.4）に従って複素フーリエ係数 c_n を求める．

$$c_n = \frac{1}{T}\int_0^{\frac{T}{2}} E\exp\left(-jn\frac{2\pi}{T}t\right)dt$$

であるから，$n = 0$ の場合と $n \neq 0$ の場合に分けて考える．

i) $n = 0$ の場合

$$c_0 = \frac{1}{T}\int_0^{\frac{T}{2}} E dt = \frac{E}{2}$$

ii) $n \neq 0$ の場合

$$c_n = \frac{E}{T}\left[\frac{T}{-j2n\pi}\exp\left(-jn\frac{2\pi}{T}t\right)\right]_0^{\frac{T}{2}} = j\frac{E}{2n\pi}\left(e^{-jn\pi} - 1\right)$$
$$= j\frac{E}{2n\pi}\{(-1)^n - 1\}$$

すなわち，複素フーリエ係数は，$c_0 = \dfrac{E}{2}$，$c_n = j\dfrac{E}{2n\pi}\{(-1)^n - 1\}\ (n \neq 0)$ と求まる．これを式（3.3）に代入すると，図 1.3 に示した関数 $f(t)$ は，次のように複素フーリエ級数に展開される．

$$f(t) = \frac{E}{2} + j\frac{E}{2\pi}\sum_{\substack{n=-\infty\\(n\neq 0)}}^{\infty}\frac{(-1)^n - 1}{n}\exp\left(jn\frac{2\pi}{T}t\right)$$

この結果を変形すると，

$$f(t) = \frac{E}{2} + j\frac{E}{2\pi}\sum_{m=1}^{\infty}\frac{-2}{2m-1}$$
$$\left\{\exp\left(j(2m-1)\frac{2\pi}{T}t\right) - \exp\left(-j(2m-1)\frac{2\pi}{T}t\right)\right\}$$
$$= \frac{E}{2} + \frac{2E}{\pi}\sum_{m=1}^{\infty}\frac{1}{2m-1}\sin(2m-1)\frac{2\pi}{T}t$$

となり,確かに式(1.13)と一致することが確かめられる.

3.2 線形回路の定常波応答とフーリエ級数

線形システムの例として線形回路(linear circuit)を取り上げ,線形回路の周期関数入力に対する定常波応答(steady state response)を例に,線形システムにおいてフーリエ級数の考え方がどのように用いられるのか説明する.

3.2.1 回路の線形性

まず,抵抗(resistance)Rとキャパシタ(capacitor)Cを直列に接続した回路(図3.1)を例にとり,回路が線形システムであることを説明する.

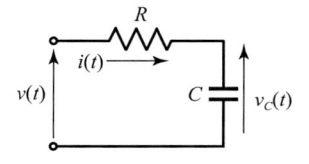

図 **3.1** RC 直列回路

この回路の入力端に,時間とともに変化する電圧(voltage)$v(t)$を印加したときに,キャパシタの両端に電圧 $v_C(t)$ が発生したとする.キャパシタの

両端の電圧が $v_C(t)$ のとき，キャパシタに流れる電流（electric current）は $i(t) = C\dfrac{dv_C(t)}{dt}$ となる．この電流 $i(t)$ が抵抗 R に流れるので，抵抗とキャパシタの直列回路（series circuit）と入力電圧の関係から次の式が成り立つ．

$$CR\frac{dv_C(t)}{dt} + v_C(t) = v(t) \tag{3.8}$$

ここで，入力端に印加する電圧 $v(t)$ を入力，キャパシタの両端に発生する電圧 $v_C(t)$ を応答と考え，入力と応答の間に線形性が成り立つことを次のようにして確認する．

入力として $v_n(t)$ を印加した場合にキャパシタの両端に発生する電圧（応答）を $v_{C_n}(t)$ とすると，入力 $v_n(t)$ と応答 $v_{C_n}(t)$ の間には次の関係が成り立つ．

$$CR\frac{dv_{C_n}(t)}{dt} + v_{C_n}(t) = v_n(t) \tag{3.9}$$

上式の両辺に任意の定数 a_n を乗ずると，次式が成り立つ．

$$a_n\left(CR\frac{dv_{C_n}(t)}{dt} + v_{C_n}(t)\right) = a_n v_n(t)$$

異なる n についても同様の関係が成り立つから，$n = 1, 2, 3, \cdots, N$ について和をとると，次の関係が成り立つ．

$$\sum_{n=1}^{N} a_n \left(CR\frac{dv_{C_n}(t)}{dt} + v_{C_n}(t)\right) = \sum_{n=1}^{N} a_n v_n(t)$$
$$CR\frac{d}{dt}\left(\sum_{n=1}^{N} a_n v_{C_n}(t)\right) + \left(\sum_{n=1}^{N} a_n v_{C_n}(t)\right) = \sum_{n=1}^{N} a_n v_n(t) \tag{3.10}$$

ここで，式 (3.10) を式 (3.8) と対比すると，入力 $\sum_{n=1}^{N} a_n v_n(t)$ に対する応答は $\sum_{n=1}^{N} a_n v_{C_n}(t)$ となることがわかる．すなわち，線形システムの定義により，この回路は線形システムであるといえる．

抵抗，インダクタ（inductor），キャパシタで構成される回路では同様のことがいえるので，そのような回路は線形システムである．電圧（あるいは電流）の入力と応答の関係に線形性が成り立つ回路を線形回路と呼ぶ．

3.2.2　正弦波交流と複素表示

回路の入力 $v(t)$ が余弦関数（あるいは正弦関数）で与えられる場合，式 (3.8) の微分方程式は容易に解くことができ，これに対する応答 $v_C(t)$ を求めることができる．応答 $v_C(t)$ を求める一つの方法として，余弦関数をそのまま用いるのではなく，複素指数関数表示を用いることを考える．

すなわち，

$$v(t) = |\dot{V}|\cos(\omega t + \theta) = \mathrm{Re}\left[\dot{V}e^{j\omega t}\right] \tag{3.11}$$

を入力として考える．ここで，V が特に複素数であることを明らかにするために $\dot{V}$ と記し，$\mathrm{Re}\left[\dot{V}\right]$ は複素数 $\dot{V}$ の実数部を表す．式 (3.11) において，θ は複素数 $\dot{V}$ の偏角（argument）$\theta = \arg\left[\dot{V}\right]$ である．電圧 $v_C(t)$ に対しても同様に，

$$v_C(t) = |\dot{V}_C|\cos(\omega t + \varphi) = \mathrm{Re}\left[\dot{V}_C e^{j\omega t}\right]$$

と表すことにする．ここでは，複素数 $\dot{V}$ や $\dot{V}_C$ は時間によらず一定の値をとる定常波応答（steady state response）を考える．

式 (3.8) に $v(t) = \mathrm{Re}\left[\dot{V}e^{j\omega t}\right]$，$v_C(t) = \mathrm{Re}\left[\dot{V}_C e^{j\omega t}\right]$ を代入して整理すると，次の式を得る．

$$CR\frac{d}{dt}\mathrm{Re}\left[\dot{V}_C e^{j\omega t}\right] + \mathrm{Re}\left[\dot{V}_C e^{j\omega t}\right] - \mathrm{Re}\left[\dot{V}e^{j\omega t}\right] = 0 \tag{3.12}$$

定常波応答を考えているので，微分演算（differential calculus）と複素数の実数部をとるという演算は，互いに順序を入れ替えて実行してもよい．C, R が実数であることに注意すれば，式 (3.12) は次のようにまとめることができる．

第3章 複素フーリエ級数

$$\mathrm{Re}\left[CR\frac{d}{dt}\dot{V}_C e^{j\omega t} + \dot{V}_C e^{j\omega t} - \dot{V} e^{j\omega t}\right] = 0$$

$$\mathrm{Re}\left[\left(j\omega CR\dot{V}_C + \dot{V}_C - \dot{V}\right)e^{j\omega t}\right] = 0 \qquad (3.13)$$

複素数 $\dot{V}_C$ や $\dot{V}$ は時間によらず一定であるから，式 (3.13) が時刻 t によらずいつも成り立つためには，次の関係式が成り立たなくてはいけない．

$$j\omega CR\dot{V}_C + \dot{V}_C - \dot{V} = 0$$

すなわち，

$$\dot{V}_C = \frac{1}{1+j\omega CR}\dot{V} \qquad (3.14)$$

したがって，応答（電圧 $v_C(t)$）は次のようにして求まる．

$$v_c(t) = \mathrm{Re}\left[\dot{V}_C e^{j\omega t}\right] = \mathrm{Re}\left[\frac{1}{1+j\omega CR}\dot{V} e^{j\omega t}\right]$$

$$= \frac{|\dot{V}|}{\sqrt{1+(\omega CR)^2}}\mathrm{Re}\left[e^{j(\omega t+\theta+\varphi)}\right]$$

$$\therefore\quad v_C(t) = \frac{|\dot{V}|}{\sqrt{1+(\omega CR)^2}}\cos(\omega t+\theta+\varphi) \qquad (3.15)$$

ただし，$\varphi = -\tan^{-1}\omega CR$ である．

ここで，式 (3.11) の入力 $v(t) = |\dot{V}|\cos(\omega t + \theta)$ と，これに対する回路の応答 $v_C(t) = \dfrac{|\dot{V}|}{\sqrt{1+(\omega CR)^2}}\cos(\omega t+\theta+\varphi)$ を比べると，次のことがわかる．

- 応答の大きさ（振幅）は，入力振幅 $|\dot{V}|$ と $\dfrac{1}{\sqrt{1+(\omega CR)^2}}$ の積で決まる．$\dfrac{1}{\sqrt{1+(\omega CR)^2}}$ は複素数 $\dfrac{\dot{V}_C}{\dot{V}}$ の大きさに等しい．
- 応答の位相（phase）と入力の位相を比較すると，$\varphi = -\tan^{-1}\omega CR$ だけ変化している．$\varphi = -\tan^{-1}\omega CR$ は複素数 $\dfrac{\dot{V}_C}{\dot{V}}$ の偏角である．

つまり，$\dfrac{\dot{V}_C}{\dot{V}}$ を求めると，回路の定常的な応答（電圧 $v_C(t)$）と入力（電圧 $v(t)$）の関係が分かる．$H(\omega) = \dfrac{\dot{V}_C}{\dot{V}}$ は応答と入力の関係を結びつける関数であり，伝達関数（transfer function）と呼ばれる．ここで，$H(\omega)$ は ω の関数であることに注意する．

3.2.3　周期波に対する線形回路の応答

線形システムの一つである線形回路に，入力として任意の周期波 $v(t)$ を与えた場合は，次のように考えればその応答を求めることができる．

（1）入力をフーリエ級数によって正弦関数で展開する

任意の周期関数を，フーリエ級数によって式（3.3）（あるいは第 1 章の式（1.3））のように正弦関数で展開する．入力が実関数で与えられる場合には，式（3.7）に従って，次のように表すことができる．

$$v(t) = c_0 + \sum_{n=1}^{\infty} 2\mathrm{Re}\left[c_n e^{jn\omega_0 t}\right] \tag{3.16}$$

ここで，c_0 は入力に含まれる時間的に変化しない成分（直流成分; DC component）の大きさを表し，c_n が角周波数 $n\omega_0$ の正弦関数成分の大きさを表す．

（2）展開された正弦関数ごとに応答を求める

線形回路の応答は，伝達関数 $H(\omega)$ を用いて正弦関数の周波数成分 $\mathrm{Re}\left[c_n e^{jn\omega_0 t}\right]$ ごとに $\mathrm{Re}\left[c_n H(n\omega_0) e^{jn\omega_0 t}\right]$ で与えられる．

（3）各周波数成分に対する応答の和を求める

回路の線形性により，入力 $v(t) = c_0 + \sum_{n=1}^{\infty} 2\mathrm{Re}\left[c_n e^{jn\omega_0 t}\right]$ に対する応答は，各周波数成分に対する応答の線形和で与えられるから，入力 $v(t)$ に対す

る応答は次のようになる．

$$v_c(t) = c_0 H(0) + \sum_{n=1}^{\infty} 2\mathrm{Re}\left[c_n H(n\omega_0) e^{jn\omega_0 t}\right] \tag{3.17}$$

ここで $H(0)$ は，直流入力に対する回路の伝達関数を表す．

演習問題

[演習 3.1] 次の $f_0(t)$ で 1 周期分が与えられる繰り返し波形 $f(t)$（第 2 章の図 2.3）を複素フーリエ級数で展開せよ．

$$f_0(t) = |t| \quad (-\pi < t < \pi)$$

[演習 3.2] 複素指数関数 $\dot{V}e^{j\omega t}$ に対して，微分演算と複素数の実数部をとる演算は，互いに順序を入れ替えて実行してもよいことを示せ．ただし，$\dot{V}$ は時間 t によらない一定の複素数である．

第4章
フーリエ変換の基礎

　第 4 章から第 9 章では，フーリエ変換について述べる．時間領域の関数をフーリエ変換することによって，その関数の周波数スペクトルを知ることができる．本章では，まず孤立波の周波数スペクトルを求める方法としてフーリエ変換の定義を説明する．次に代表的な関数のフーリエ変換を求めて，フーリエ変換の基礎を学ぶ．

4.1　フーリエ変換の定義

　任意の周期関数はフーリエ級数で展開することができる．本節では，フーリエ級数を発展させて，フーリエ変換 (Fourier transform) の定義を考える．

　関数 $f(t)$ を周期 T の周期関数として複素フーリエ級数で展開すると，複素フーリエ係数は次式で与えられる．

$$c_n = \frac{1}{T} \int_{-\frac{T}{2}}^{\frac{T}{2}} f(\tau) \exp\left(-jn\frac{2\pi}{T}\tau\right) d\tau$$

これを第 3 章の式 (3.3) の複素フーリエ級数表現に代入すると，次式を得る．

第 4 章　フーリエ変換の基礎

$$f(t) = \sum_{n=-\infty}^{\infty} \left\{ \frac{1}{T} \int_{-\frac{T}{2}}^{\frac{T}{2}} f(\tau) \exp\left(-jn\frac{2\pi}{T}\tau\right) d\tau \right\} \exp\left(jn\frac{2\pi}{T}t\right)$$

$$= \sum_{n=-\infty}^{\infty} \frac{1}{T} \int_{-\frac{T}{2}}^{\frac{T}{2}} f(\tau) \exp\left\{jn\frac{2\pi}{T}(t-\tau)\right\} d\tau \tag{4.1}$$

ここで，$\omega_n = n\omega = n\dfrac{2\pi}{T}$ とおくと，次の式が成り立つ．

$$\frac{1}{T} = \frac{\omega}{2\pi} = \frac{(n+1)\omega - n\omega}{2\pi} = \frac{\omega_{n+1} - \omega_n}{2\pi} \tag{4.2}$$

この関係を式 (4.1) に用いると，$f(t)$ は次のように表される．

$$f(t) = \frac{1}{2\pi} \sum_{n=-\infty}^{\infty} (\omega_{n+1} - \omega_n) \int_{-\frac{T}{2}}^{\frac{T}{2}} f(\tau) e^{j\omega_n (t-\tau)} d\tau \tag{4.3}$$

さらに，$f(t)$ の周期を無限大として $T \to \infty$ の極限を考える．このことは $f(t)$ を非周期関数の孤立波とすることに対応する．$T \to \infty$ とすると，式 (4.2) から，

$$d\omega = \omega_{n+1} - \omega_n = \frac{2\pi}{T} \to 0$$

となるので，ω_n は離散的な変数（discrete variable）ではなく，連続変数（continuous variable）ω として扱うことになる．これに対応して，式 (4.3) の n についての級数和は，連続変数 ω に関する積分で置き換えられ，式 (4.3) は次のよう書き換えられる．

$$f(t) = \frac{1}{2\pi} \int_{-\infty}^{\infty} \int_{-\infty}^{\infty} f(\tau) e^{j\omega(t-\tau)} d\tau d\omega$$

$$= \frac{1}{2\pi} \int_{-\infty}^{\infty} \int_{-\infty}^{\infty} f(\tau) e^{-j\omega\tau} d\tau e^{j\omega t} d\omega \tag{4.4}$$

式 (4.4) は関数 $f(t)$ のフーリエ積分（Fourier integral）と呼ばれる．ここで，

$$F(\omega) = \int_{-\infty}^{\infty} f(\tau) e^{-j\omega\tau} d\tau = \int_{-\infty}^{\infty} f(t) e^{-j\omega t} dt \tag{4.5}$$

とおけば，関数 $f(t)$ は式（4.4）から次のように表される．

$$f(t) = \frac{1}{2\pi}\int_{-\infty}^{\infty} F(\omega)e^{j\omega t}d\omega \qquad (4.6)$$

関数 $f(t)$ のフーリエ変換 $F(\omega)$ を式（4.5）で定義する．また，$F(\omega)$ から $f(t)$ を求める操作をフーリエ逆変換（inverse Fourier transform）とよび，式（4.6）で定義する．

式（4.6）の右辺は，角周波数 ω の正弦波成分 $e^{j\omega t}$ を振幅 $F(\omega)\dfrac{d\omega}{2\pi}$ だけ含み，すべての周波数についてこれを加算する操作であると解釈することができる．その結果が関数 $f(t)$ に一致することから，フーリエ変換 $F(\omega)$ は $f(t)$ の周波数スペクトル密度（frequency spectrum density）と呼ばれる．

なお，フーリエ変換，フーリエ逆変換を，それぞれ次のように定義する場合もある．係数と $j\omega t$ の符号が本書とは異なるので，フーリエ変換を用いる際には定義を確認する必要がある．

$$F(\omega) = \frac{1}{\sqrt{2\pi}}\int_{-\infty}^{\infty} f(t)e^{j\omega t}dt \qquad (4.7\mathrm{a})$$

$$f(t) = \frac{1}{\sqrt{2\pi}}\int_{-\infty}^{\infty} F(\omega)e^{-j\omega t}d\omega \qquad (4.7\mathrm{b})$$

4.2 フーリエ積分

$f(t)$ が実関数（関数値として実数値をとる関数）の場合，オイラーの公式 $e^{-j\omega t} = \cos\omega t - j\sin\omega t$ を用いると，式（4.5）の $F(\omega)$ は次のようになる．

$$F(\omega) = \int_{-\infty}^{\infty} f(t)\cos\omega t\, dt - j\int_{-\infty}^{\infty} f(t)\sin\omega t\, dt = A(\omega) - jB(\omega)$$

ここで，$A(\omega)$，$B(\omega)$ は，それぞれフーリエ余弦変換（Fourier cosine transform），フーリエ正弦変換（Fourier sine transform）と呼ばれ，次式で定義される．

第 4 章　フーリエ変換の基礎

$$A(\omega) = \int_{-\infty}^{\infty} f(t)\cos\omega t\, dt \qquad (4.8\text{a})$$

$$B(\omega) = \int_{-\infty}^{\infty} f(t)\sin\omega t\, dt \qquad (4.8\text{b})$$

変数 ω に関する $A(\omega)$, $B(\omega)$ の偶奇性として，$A(-\omega) = A(\omega)$, $B(-\omega) = -B(\omega)$ という関係が成り立つ．これらを用いると，式 (4.6) のフーリエ逆変換は，次のようになる．

$$\begin{aligned}
f(t) &= \frac{1}{2\pi}\int_{-\infty}^{\infty}\{A(\omega) - jB(\omega)\}(\cos\omega t + j\sin\omega t)d\omega \\
&= \frac{1}{\pi}\int_{0}^{\infty}\{A(\omega)\cos\omega t + B(\omega)\sin\omega t\}d\omega \\
&= \frac{1}{\pi}\int_{0}^{\infty}\left\{\int_{-\infty}^{\infty}f(\tau)\cos\omega\tau\cos\omega t\, d\tau + \int_{-\infty}^{\infty}f(\tau)\sin\omega\tau\sin\omega t\, d\tau\right\}d\omega \\
&= \frac{1}{\pi}\int_{0}^{\infty}\int_{-\infty}^{\infty}f(\tau)\cos\omega(t-\tau)d\tau d\omega \qquad (4.9)
\end{aligned}$$

これが実関数 $f(t)$ のフーリエ積分である．

4.3　フーリエ変換の存在

フーリエ変換 $F(\omega)$ は ω の連続関数であり，孤立波の周波数スペクトル密度を与える．これに対して，フーリエ級数ではフーリエ係数 c_n が周期波の周期で決まる離散的な周波数でのみ値をもち，周期波の離散周波数スペクトル (discrete frequency spectrum) を表す．

関数 $f(t)$ のフーリエ変換 $F(\omega)$ の存在については，次の定理がある．

【定理】$f(t)$ の絶対積分 (integral of absolute value) が収束する，すなわち $\int_{-\infty}^{\infty}|f(t)|dt < \infty$ が成り立つとき，$f(t)$ のフーリエ変換 $F(\omega)$ が存在する．

$F(\omega)$ からフーリエ逆変換によって $f(t)$ を計算すると，$f(t)$ が連続な領域ではもとの関数 $f(t)$ と一致し，$f(t)$ の不連続点（飛びのある点）t_i では，

$$\frac{1}{2}\left(f(t_i - 0) + f(t_i + 0)\right) \tag{4.10}$$

つまり，不連続点前後の関数値の平均値に一致する．このことは，不連続点におけるフーリエ級数の振舞いと同様である．

4.4　代表的な関数のフーリエ変換

フーリエ変換の実際を理解するために，いくつかの代表的な関数についてそのフーリエ変換を求めてみる．

(1) デルタ関数

デルタ関数（delta function）（図 4.1）は，次の性質をもつ関数として定義される．

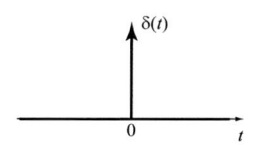

図 **4.1**　デルタ関数

i)
$$\delta(t) = \begin{cases} \infty & (t = 0) \\ 0 & (t \neq 0) \end{cases} \tag{4.11}$$

ただし，

$$\int_{-\infty}^{\infty} \delta(t)dt = 1 \tag{4.12}$$

ii) 任意の関数 $f(t)$ に対して次の関係が成り立つ．

$$\int_{-\infty}^{\infty} f(t)\delta(t)dt = f(0) \tag{4.13}$$

さらに，$\delta(-t) = \delta(t)$ であるから，デルタ関数は偶関数である．

式 (4.13) で表されるデルタ関数の性質を利用すると，デルタ関数のフーリエ変換は次のように求まる．

$$F(\omega) = \int_{-\infty}^{\infty} \delta(t)e^{-j\omega t}dt = e^0 = 1 \tag{4.14}$$

式 (4.14) から，デルタ関数は，周波数 ω によらない一定の振幅で $-\infty$ から ∞ の周波数に広がる周波数スペクトルをもつことがわかる．

フーリエ変換 $F(\omega) = 1$ をフーリエ逆変換すれば，デルタ関数に一致するはずである．すなわち，

$$\delta(t) = \frac{1}{2\pi}\int_{-\infty}^{\infty} F(\omega)e^{j\omega t}d\omega = \frac{1}{2\pi}\int_{-\infty}^{\infty} e^{j\omega t}d\omega \tag{4.15}$$

となる．これは，デルタ関数の表現形式の一つとしてよく用いられる．

(2) 単一矩形パルス

$t = 0$ を中心とする幅 $2a$，振幅 E の単一矩形パルス (rectangular pulse)（図 4.2）のフーリエ変換は式 (4.16) のように求まる．

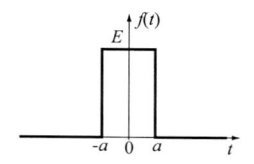

図 **4.2** 単一矩形パルス

$$F(\omega) = \int_{-a}^{a} Ee^{-j\omega t}dt = E\frac{e^{-j\omega a} - e^{j\omega a}}{-j\omega} = 2aE\frac{\sin a\omega}{a\omega} \tag{4.16}$$

4.4 代表的な関数のフーリエ変換

ここで，単一矩形パルスの面積を $2aE = 1$ とし，この条件を保ったままでパルスの幅を限りなく小さくして $a \to 0$ の極限を考える．

$$\lim_{a \to 0} \frac{\sin a\omega}{a\omega} = 1$$

であるから，$a \to 0$ の極限において式（4.16）は $F(\omega) = 1$ となる．すなわち，式（4.12）で表されるデルタ関数の性質と同様の条件を課してパルスの幅を 0 とすると単一矩形パルスはデルタ関数に一致するので，そのフーリエ変換がデルタ関数のフーリエ変換と一致することが確かめられる．

(3) 直流

時刻 t によらず一定値 E をとる直流（direct current）（図 4.3）$f(t) = E$ のフーリエ変換は，デルタ関数の表現形式（4.15）を利用すると式（4.17）のように求まる．

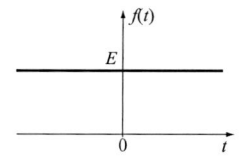

図 4.3 直流

$$F(\omega) = \int_{-\infty}^{\infty} E e^{-j\omega t} dt = 2\pi E \delta(\omega) \tag{4.17}$$

この結果は，直流には周波数成分として $\omega = 0$ しか含まれないということを表している．

【例題 4.1】
次の関数（図 4.4）のフーリエ変換を求めよ．ただし，$a > 0$ とする．

第 4 章　フーリエ変換の基礎

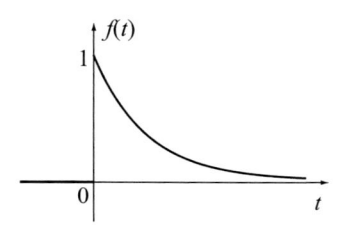

図 **4.4**　指数関数（exponential function）（$t > 0$）

$$f(t) = \begin{cases} e^{-at} & (t > 0) \\ 0 & (t < 0) \end{cases}$$

［解答］
フーリエ変換の定義式 (4.5) に従ってフーリエ変換 $F(\omega)$ を求めると，次のようになる．

$$F(\omega) = \int_0^\infty e^{-at}e^{-j\omega t}dt = \left[\frac{e^{-(a+j\omega)t}}{-(a+j\omega)}\right]_0^\infty = \frac{1}{a+j\omega}$$

【例題 4.2】
次の関数 $f(t)$（図 4.5）のフーリエ変換を求めよ．ただし，$a > 0$ とする．

$$f(t) = \begin{cases} \dfrac{1}{a^2}(a-t) & 0 < t < a \\ \dfrac{1}{a^2}(t+a) & -a < t < 0 \\ 0 & |t| > a \end{cases}$$

［解答］
フーリエ変換は次のように求まる．

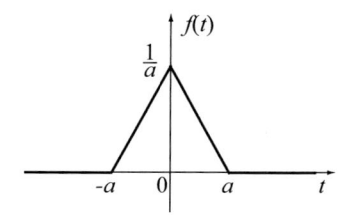

図 **4.5** 三角形関数（triangular function）

$$F(\omega) = \int_{-a}^{0} \frac{1}{a^2}(t+a)e^{-j\omega t}dt + \int_{0}^{a} \frac{1}{a^2}(a-t)e^{-j\omega t}dt$$

$$= \frac{1}{a^2}\left[\frac{(t+a)e^{-j\omega t}}{-j\omega}\right]_{-a}^{0} + \frac{1}{ja^2\omega}\int_{-a}^{0} e^{-j\omega t}dt$$

$$\quad + \frac{1}{a^2}\left[\frac{(a-t)e^{-j\omega t}}{-j\omega}\right]_{0}^{a} - \frac{1}{ja^2\omega}\int_{0}^{a} e^{-j\omega t}dt$$

$$= \frac{1}{ja^2\omega}\left[\frac{e^{-j\omega t}}{-j\omega}\right]_{-a}^{0} - \frac{1}{ja^2\omega}\left[\frac{e^{-j\omega t}}{-j\omega}\right]_{0}^{a}$$

$$= \frac{2 - e^{ja\omega} - e^{-ja\omega}}{a^2\omega^2} = 4\frac{\sin^2\frac{a\omega}{2}}{a^2\omega^2}$$

ここで，関数 $f(t)$ の面積は 1 であり，$a \to 0$ の極限を考えると $f(t)$ はデルタ関数に一致する．$f(t)$ のフーリエ変換 $F(\omega)$ は $a \to 0$ の極限で 1 となり，デルタ関数のフーリエ変換と一致することが確かめられる．

4.5　周期関数のフーリエ変換

フーリエ変換の定義では，変換対象の関数として孤立波を仮定した．しかし，周期関数であっても，次のようにしてフーリエ変換を求めることができる．

第 4 章　フーリエ変換の基礎

周期 T の周期関数 $f(t)$ の 1 周期分が，次の関数 $f_0(t)$ で表されるとする．

$$f_0(t) = \begin{cases} f(t) & (|t| < \frac{T}{2}) \\ 0 & (|t| > \frac{T}{2}) \end{cases}$$

基本角周波数 $\omega_0 = \dfrac{2\pi}{T}$ とその高調波を用いて，$f(t)$ は次のように複素フーリエ級数展開される．

$$f(t) = \sum_{n=-\infty}^{\infty} c_n e^{jn\omega_0 t} \tag{4.18}$$

ここで，$f_0(t)$ のフーリエ変換を $F_0(\omega)$ とすると，複素フーリエ係数 c_n は次のように表される．

$$c_n = \frac{1}{T}\int_{-\frac{T}{2}}^{\frac{T}{2}} f(t)e^{-jn\omega_0 t}dt = \frac{1}{T}\int_{-\infty}^{\infty} f_0(t)e^{-jn\omega_0 t}dt = \frac{1}{T}F_0(n\omega_0) \tag{4.19}$$

したがって，式 (4.18) から $f(t)$ は次のようにフーリエ級数で表される．

$$f(t) = \frac{1}{T}\sum_{n=-\infty}^{\infty} F_0(n\omega_0)e^{jn\omega_0 t}$$

これをフーリエ変換すると，次の式を得る．

$$\begin{aligned}
F(\omega) &= \int_{-\infty}^{\infty}\left(\frac{1}{T}\sum_{n=-\infty}^{\infty} F_0(n\omega_0)e^{jn\omega_0 t}\right)e^{-j\omega t}dt \\
&= \frac{1}{T}\sum_{n=-\infty}^{\infty} F_0(n\omega_0)\int_{-\infty}^{\infty} e^{j(n\omega_0-\omega)t}dt \\
&= \frac{2\pi}{T}\sum_{n=-\infty}^{\infty} F_0(n\omega_0)\delta(\omega-n\omega_0) \\
&= \omega_0 \sum_{n=-\infty}^{\infty} F_0(\omega)\delta(\omega-n\omega_0) \tag{4.20}
\end{aligned}$$

4.5 周期関数のフーリエ変換

演習問題

[演習 4.1] 次の関数 $f(t)$（図 4.6）のフーリエ変換を求めよ．ただし，$a > 0$ とする．

$$f(t) = e^{-a|t|}$$

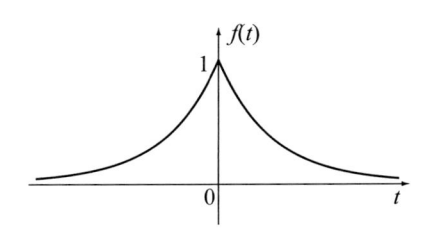

図 4.6 両側指数関数

[演習 4.2] $t = 0$ を中心とする幅 $2a$，振幅 E の単一矩形パルスのフーリエ変換 $F(\omega)$（式 (4.16)）を ω の関数として図に書き，特徴的な点を述べよ．

第 4 章　フーリエ変換の基礎

[演習 **4.3**] 振幅 1, 幅 $2a$, 周期 $4a$ の矩形パルス列 (rectangular pulse train)（図 4.7）のフーリエ変換を求めよ．

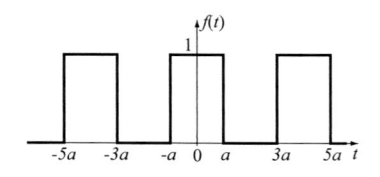

図 **4.7**　矩形パルス列

第5章
フーリエ変換の性質

 本章では,フーリエ変換を使いこなす上で有用な種々の関係を中心に説明する.まず,フーリエ変換の基本的な性質を説明した後に,畳み込み関数とフーリエ変換について述べる.

5.1 フーリエ変換の基本的性質

 特に断らない限り,本書では時間領域における関数は小文字で表し,そのフーリエ変換は大文字で表す.関数 $f(t)$ のフーリエ変換が $F(\omega)$ であることを,演算記号 $\mathcal{F}[\ ]$ を用いて,

$$F(\omega) = \mathcal{F}[f(t)]$$

と表す.また,$F(\omega)$ からフーリエ逆変換 $f(t)$ を求める演算を,記号 $\mathcal{F}^{-1}[\ ]$ を用いて,

$$\mathcal{F}^{-1}[F(\omega)] = f(t)$$

と表す.
 フーリエ変換では次の関係(性質)が成り立つ.

第 5 章　フーリエ変換の性質

(1) 線形性

二つの関数 $f_1(t)$, $f_2(t)$ に，それぞれ任意の定数 α_1, α_2 をかけて加え合わせた関数 $\alpha_1 f_1(t) + \alpha_2 f_2(t)$ のフーリエ変換は，

$$\begin{aligned}
\mathcal{F}\left[\alpha_1 f_1(t) + \alpha_2 f_2(t)\right] &= \int_{-\infty}^{\infty} (\alpha_1 f_1(t) + \alpha_2 f_2(t)) e^{-j\omega t} dt \\
&= \alpha_1 \int_{-\infty}^{\infty} f_1(t) e^{-j\omega t} dt + \alpha_2 \int_{-\infty}^{\infty} f_2(t) e^{-j\omega t} dt \\
&= \alpha_1 F_1(\omega) + \alpha_2 F_2(\omega) \qquad (5.1)
\end{aligned}$$

となる．すなわち，$\alpha_1 f_1(t) + \alpha_2 f_2(t)$ のフーリエ変換は，$f_1(t)$, $f_2(t)$ のフーリエ変換 $F_1(\omega)$, $F_2(\omega)$ にそれぞれ α_1, α_2 をかけて加え合わせたものに等しい．

(2) 時間軸移動 (time shifting)

関数 $f(t)$ の時間原点を τ だけ移動した関数は $f(t-\tau)$ と表され，このフーリエ変換は，

$$\begin{aligned}
\mathcal{F}\left[f(t-\tau)\right] &= \int_{-\infty}^{\infty} f(t-\tau) e^{-j\omega t} dt = \int_{-\infty}^{\infty} f(t') e^{-j\omega(t'+\tau)} dt' \\
&= e^{-j\omega\tau} \int_{-\infty}^{\infty} f(t') e^{-j\omega t'} dt' = e^{-j\omega\tau} F(\omega) \qquad (5.2)
\end{aligned}$$

となる．すなわち，$f(t-\tau)$ のフーリエ変換は，$f(t)$ のフーリエ変換 $F(\omega)$ に $e^{-j\omega\tau}$ をかけたものに等しい．

(3) 周波数軸移動 (frequency shifting)

関数 $f(t)$ のフーリエ変換 $F(\omega)$ を周波数軸上で a だけ右に移動した $F(\omega - a)$ のフーリエ逆変換は，次のようになる．

$$\mathcal{F}^{-1}\left[F(\omega-a)\right] = \frac{1}{2\pi}\int_{-\infty}^{\infty} F(\omega-a)e^{j\omega t}dt = \frac{1}{2\pi}\int_{-\infty}^{\infty} F(\omega')e^{j(\omega'+a)t}dt$$
$$= \frac{1}{2\pi}e^{jat}\int_{-\infty}^{\infty} F(\omega')e^{j\omega' t}dt = e^{jat}f(t)$$

すなわち，$F(\omega-a)$ のフーリエ逆変換は，関数 $f(t)$ に正弦的な振動関数 e^{jat} をかけた関数 $e^{jat}f(t)$ になる．言い換えれば，$e^{jat}f(t)$ のフーリエ変換は，$f(t)$ のフーリエ変換 $F(\omega)$ を用いて次のように表される．

$$\mathcal{F}\left[e^{jat}f(t)\right] = F(\omega-a) \tag{5.3}$$

(4) 時間軸拡大（time scaling）

任意の定数 $A(A\neq 0)$ に対して $f(At)$ のフーリエ変換を考える．

$A>0$ の場合，$t'=At$ とおいて変数変換すると，

$$\mathcal{F}\left[f(At)\right] = \int_{-\infty}^{\infty} f(At)e^{-j\omega t}dt = \frac{1}{A}\int_{-\infty}^{\infty} f(t')e^{-j\left(\frac{\omega}{A}\right)t'}dt'$$

となり，次式を得る．

$$\mathcal{F}\left[f(At)\right] = \frac{1}{A}F\left(\frac{\omega}{A}\right)$$

一方，$A<0$ の場合，$t'=At$ と変数変換すると，t' と t は符号が異なるので，

$$\mathcal{F}\left[f(At)\right] = -\frac{1}{A}\int_{-\infty}^{\infty} f(t')e^{-j\left(\frac{\omega}{A}\right)t'}dt' = -\frac{1}{A}F\left(\frac{\omega}{A}\right)$$

となる．

したがって，任意の定数 $A(A\neq 0)$ に対して，次の関係が成り立つ．

$$\mathcal{F}\left[f(At)\right] = \frac{1}{|A|}F\left(\frac{\omega}{A}\right) \tag{5.4}$$

第 5 章　フーリエ変換の性質

(5) 時間微分（time differentiation）

関数 $f(t)$ を変数 t に関して n 回微分した導関数（derivative）$f^{(n)}(t) = \dfrac{d^n f(t)}{dt^n}$ のフーリエ変換は，次のように計算することができる．

$$\begin{aligned}
\mathcal{F}\left[f^{(n)}(t)\right] &= \int_{-\infty}^{\infty} f^{(n)}(t)e^{-j\omega t}dt \\
&= \left[f^{(n-1)}(t)e^{-j\omega t}\right]_{-\infty}^{\infty} + j\omega \int_{-\infty}^{\infty} f^{(n-1)}(t)e^{-j\omega t}dt \\
&= j\omega \int_{-\infty}^{\infty} f^{(n-1)}(t)e^{-j\omega t}dt
\end{aligned}$$

ここで，$t = \pm\infty$ において $f(t)$ の導関数も 0 であることを用いている．これを繰り返すことによって，$f^{(n)}$ のフーリエ変換は $f(t)$ のフーリエ変換 $F(\omega)$ を用いて次のように表すことができる．

$$\mathcal{F}\left[f^{(n)}(t)\right] = (j\omega)^n \int_{-\infty}^{\infty} f(t)e^{-j\omega t}dt = (j\omega)^n F(\omega) \tag{5.5}$$

(6) 対称性（symmetry）

時間変数 t の関数 $f(t)$ をフーリエ変換すると $F(\omega)$ となる．このとき，時間変数 t の関数 $F(t)$ を考え，このフーリエ変換 $\mathcal{F}[F(t)]$ を求める．

まず，$F(\omega)$ のフーリエ逆変換の定義式 (4.6) において変数 t を $-t$ とおくと，次の式を得る．

$$f(-t) = \frac{1}{2\pi} \int_{-\infty}^{\infty} F(\omega)e^{-j\omega t}d\omega$$

ここで，変数 ω と変数 t を交換し，式を整理すると

$$2\pi f(-\omega) = \int_{-\infty}^{\infty} F(t)e^{-j\omega t}dt = \mathcal{F}[F(t)] \tag{5.6}$$

となる．すなわち，$F(t)$ のフーリエ変換は $2\pi f(-\omega)$ で与えられる．

5.2 畳み込み関数とフーリエ変換

(**7**) 実関数のフーリエ変換

$f(t)$ が実関数の場合には，そのフーリエ変換 $F(\omega)$ について次の関係が成り立つことがわかる．

$$F(-\omega) = \int_{-\infty}^{\infty} f(t)e^{j\omega t}dt = \left(\int_{-\infty}^{\infty} f(t)e^{-j\omega t}dt\right)^* = F(\omega)^* \quad (5.7)$$

ここで $F(\omega)^*$ は $F(\omega)$ の複素共役を表す．

このときフーリエ逆変換によって $F(\omega)$ から $f(t)$ を求めると，次のようになる．

$$\begin{aligned}f(t) &= \frac{1}{2\pi}\int_{-\infty}^{\infty} F(\omega)e^{j\omega t}d\omega \\ &= \frac{1}{2\pi}\int_{0}^{\infty} F(-\omega)e^{-j\omega t}d\omega + \frac{1}{2\pi}\int_{0}^{\infty} F(\omega)e^{j\omega t}d\omega\end{aligned}$$

$F(-\omega) = F(\omega)^*$ なる関係が成り立つので，

$$\begin{aligned}f(t) &= \frac{1}{2\pi}\left(\int_{0}^{\infty} F(\omega)e^{j\omega t}d\omega\right)^* + \frac{1}{2\pi}\int_{0}^{\infty} F(\omega)e^{j\omega t}d\omega \\ &= \frac{1}{\pi}\int_{0}^{\infty} Re\left[F(\omega)e^{j\omega t}\right]d\omega \quad (5.8)\end{aligned}$$

ここで，$Re\left[F(\omega)e^{j\omega t}\right]$ は $F(\omega)e^{j\omega t}$ の実数部を意味する．

式 (5.8) から，実関数 $f(t)$ をフーリエ逆変換で求めるためには，$\omega > 0$ の範囲，すなわち正の周波数成分だけでよいことがわかる．

5.2 畳み込み関数とフーリエ変換

5.2.1 畳み込み関数

二つの関数 $f_1(t)$ と $f_2(t)$ に対して，次の畳み込み演算（convolution）によって定められる関数 $f(t)$ を畳み込み関数(convolution)と呼び，$f = f_1 * f_2$

第 5 章　フーリエ変換の性質

と表す．
$$f(t) = \int_{-\infty}^{\infty} f_1(\tau) f_2(t-\tau) d\tau \tag{5.9}$$

畳み込み演算の様子を図 5.1 に示す．図（a）および図（b）で定義される関数 $f_1(t)$，$f_2(t)$ から $f_1(\tau) f_2(t-\tau)$ を作る．ここで，変数 t を変化させると図（c）〜（e）で示されるように，$f_1(\tau)$ と $f_2(t-\tau)$ が重なる部分（図（d），（e）の斜線部分）が変化する．式（5.9）の演算は，この重なり部分の面積を計算することに相当し，変数 t によって重なり部分の面積がどのように変化するのかを表す関数が，畳み込み関数 $f = f_1 * f_2$ と言える．

【例題 5.1】
次の関数 $f_1(t)$，$f_2(t)$（単一矩形パルス）に対して，畳み込み関数 $f(t) = \int_{-\infty}^{\infty} f_1(\tau) f_2(t-\tau) d\tau$ を求めよ．ただし，$a > 0$ とする．

$$f_1(t) = f_2(t) = \begin{cases} 1 & |t| < a \\ 0 & |t| > a \end{cases}$$

［解答］
$|t| > a$ で $f_1(t) = 0$ であるから，畳み込み関数は次の式で計算される．

$$f(t) = \int_{-\infty}^{\infty} f_1(\tau) f_2(t-\tau) d\tau = \int_{-a}^{a} f_2(t-\tau) d\tau$$

さらに，$f_2(t-\tau)$ は $t-a < \tau < t+a$ の範囲において値 1 をとり，これ以外の τ では 0 となる．このことから，畳み込み関数 $f(t)$ は，次のように求まる．

i）$0 < t < 2a$ のとき
$$f(t) = \int_{t-a}^{a} d\tau = 2a - t$$

5.2 畳み込み関数とフーリエ変換

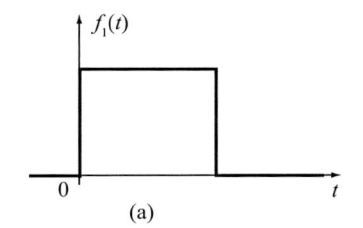

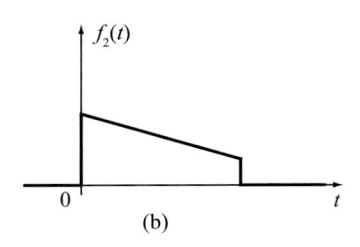

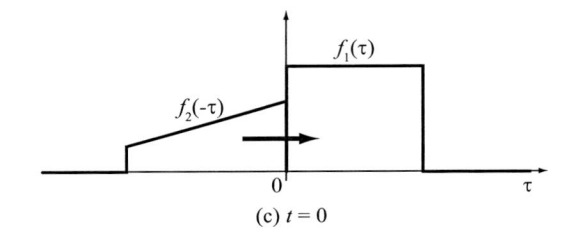

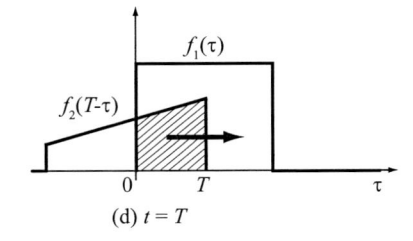

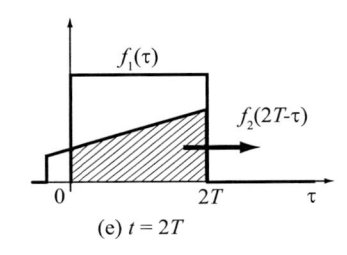

(a) $f_1(t)$ と (b) $f_2(t)$ から (c) 〜 (e) のように畳み込み関数が作られる

図 **5.1** 畳み込み関数

ii) $-2a < t < 0$ のとき

$$f(t) = \int_{-a}^{t+a} d\tau = t + 2a$$

61

第 5 章　フーリエ変換の性質

iii) $|t| > 2a$ のとき
$$f(t) = 0$$

5.2.2　畳み込み関数のフーリエ変換

畳み込み関数のフーリエ変換を考えてみる．フーリエ変換の定義に式 (5.9) の畳み込み関数を代入し，変数 t と τ に関する積分の順序を入れ替えると，次のようになる．

$$\mathcal{F}[f_1 * f_2] = \int_{-\infty}^{\infty} \left(\int_{-\infty}^{\infty} f_1(\tau) f_2(t-\tau) d\tau \right) e^{-j\omega t} dt$$
$$= \int_{-\infty}^{\infty} f_1(\tau) \left(\int_{-\infty}^{\infty} f_2(t-\tau) e^{-j\omega t} dt \right) d\tau$$

さらに，$t' = t - \tau$ と変数変換を行う．ここで，変数 t を τ だけ移動しても積分の上限および下限は変化しないことに注意する．

$$\mathcal{F}[f_1 * f_2] = \int_{-\infty}^{\infty} f_1(\tau) \left(\int_{-\infty}^{\infty} f_2(t') e^{-j\omega(t'+\tau)} dt' \right) d\tau$$

最後に，被積分関数の指数関数部を変数 τ と t' に分離して，次の結果を得る．

$$\mathcal{F}[f_1 * f_2] = \int_{-\infty}^{\infty} f_1(\tau) e^{-j\omega \tau} d\tau \int_{-\infty}^{\infty} f_2(t') e^{-j\omega t'} dt'$$

右辺は，関数 $f_1(t)$ のフーリエ変換 $F_1(\omega)$ と $f_2(t)$ のフーリエ変換 $F_2(\omega)$ の積に等しい．すなわち，

$$\mathcal{F}[f_1 * f_2] = \mathcal{F}\left[\int_{-\infty}^{\infty} f_1(\tau) f_2(t-\tau) d\tau \right] = F_1(\omega) F_2(\omega) \quad (5.10)$$

が成り立つ．

5.2 畳み込み関数とフーリエ変換

【例題 5.2】
【例題 5.1】で求めた畳み込み関数 $f(t)$ のフーリエ変換を求め，その結果が $f_1(t)$，$f_2(t)$ のフーリエ変換 $F_1(\omega)$，$F_2(\omega)$ の積に一致することを確かめよ．

［解答］
$f(t)$ のフーリエ変換は，次のように求まる．

$$\begin{aligned}
F(\omega) &= \int_{-2a}^{0}(t+2a)e^{-j\omega t}dt + \int_{0}^{2a}(2a-t)e^{-j\omega t}dt \\
&= \left[\frac{(t+2a)e^{-j\omega t}}{-j\omega}\right]_{-2a}^{0} + \frac{1}{j\omega}\int_{-2a}^{0}e^{-j\omega t}dt + \left[\frac{(2a-t)e^{-j\omega t}}{-j\omega}\right]_{0}^{2a} \\
&\quad - \frac{1}{j\omega}\int_{0}^{2a}e^{-j\omega t}dt \\
&= \frac{1}{j\omega}\left[\frac{e^{-j\omega t}}{-j\omega}\right]_{-2a}^{0} - \frac{1}{j\omega}\left[\frac{e^{-j\omega t}}{-j\omega}\right]_{0}^{2a} = \frac{1}{j\omega}\frac{1-e^{j2a\omega}}{-j\omega} - \frac{1}{j\omega}\frac{e^{-j2a\omega}-1}{-j\omega} \\
&= \frac{2-2\cos 2a\omega}{\omega^2} = \frac{4\sin^2 a\omega}{\omega^2}
\end{aligned}$$

一方，第 4 章の式 (4.16) から $F_1(\omega) = F_2(\omega) = \dfrac{2\sin a\omega}{\omega}$ であるから，$F(\omega) = F_1(\omega)F_2(\omega)$ である．すなわち，$f_1(t)$ と $f_2(t)$ の畳み込み関数 $f(t)$ のフーリエ変換は，$f_1(t)$，$f_2(t)$ のフーリエ変換 $F_1(\omega)$，$F_2(\omega)$ の積に一致する．

5.2.3 積関数のフーリエ変換

まず，$f_1(t)$，$f_2(t)$ のフーリエ変換 $F_1(\omega)$，$F_2(\omega)$ の畳み込み関数

$$F_1 * F_2 = \int_{-\infty}^{\infty} F_1(u)F_2(\omega - u)du \tag{5.11}$$

を考え，$F_1 * F_2$ のフーリエ逆変換を計算する．

第 5 章　フーリエ変換の性質

$$\begin{aligned}
\mathcal{F}^{-1}[F_1 * F_2] &= \frac{1}{2\pi}\int_{-\infty}^{\infty}\left(\int_{-\infty}^{\infty}F_1(u)F_2(\omega-u)du\right)e^{j\omega t}d\omega \\
&= \frac{1}{2\pi}\int_{-\infty}^{\infty}F_1(u)\left(\int_{-\infty}^{\infty}F_2(\omega-u)e^{j\omega t}d\omega\right)du \\
&= \frac{1}{2\pi}\int_{-\infty}^{\infty}F_1(u)\left(\int_{-\infty}^{\infty}F_2(\omega')e^{j(\omega'+u)t}d\omega'\right)du \\
&= 2\pi\frac{1}{2\pi}\int_{-\infty}^{\infty}F_1(u)e^{jut}du\frac{1}{2\pi}\int_{-\infty}^{\infty}F_2(\omega')e^{j\omega' t}d\omega'
\end{aligned}$$

すなわち，$F_1(\omega)$ と $F_2(\omega)$ の畳み込み関数 $F_1 * F_2$ のフーリエ逆変換は，

$$\mathcal{F}^{-1}[F_1 * F_2] = 2\pi f_1(t)f_2(t) \tag{5.12}$$

となるので，二つの関数 $f_1(t)$ と $f_2(t)$ の積のフーリエ変換は，次のようになることがわかる．

$$\mathcal{F}[f_1(t)f_2(t)] = \frac{1}{2\pi}F_1 * F_2 = \frac{1}{2\pi}\int_{-\infty}^{\infty}F_1(u)F_2(\omega-u)du \tag{5.13}$$

5.3　相関関数とフーリエ変換

二つの関数 $f_1(t)$，$f_2(t)$ の相互相関関数 (cross correlation function) は，次の式で定義される．

$$R_{f_1 f_2}(\tau) = \int_{-\infty}^{\infty}f_1(\tau+t)f_2(t)^* dt \tag{5.14}$$

このとき，相互相関関数のフーリエ変換は次のように計算される．

$$\mathcal{F}\left[R_{f_1 f_2}(\tau)\right] = \int_{-\infty}^{\infty} \left(\int_{-\infty}^{\infty} f_1(\tau+t) f_2(t)^* dt\right) e^{-j\omega\tau} d\tau$$

$$= \int_{-\infty}^{\infty} f_2(t)^* \left(\int_{-\infty}^{\infty} f_1(\tau+t) e^{-j\omega\tau} d\tau\right) dt$$

$$= \int_{-\infty}^{\infty} f_2(t)^* \left(\int_{-\infty}^{\infty} f_1(\tau') e^{-j\omega\tau'} d\tau'\right) e^{j\omega t} dt$$

$$= \int_{-\infty}^{\infty} f_1(\tau') e^{-j\omega\tau'} d\tau' \int_{-\infty}^{\infty} f_2(t)^* e^{j\omega t} dt$$

ここで，$f_1(t)$, $f_2(t)$ のフーリエ変換をそれぞれ $F_1(\omega)$, $F_2(\omega)$ とすると，

$$F_2(\omega)^* = \int_{-\infty}^{\infty} f_2(t)^* e^{j\omega t} dt$$

であるから，相互相関関数 $R_{f_1 f_2}(\tau)$ のフーリエ変換は次のように表される．

$$\mathcal{F}\left[R_{f_1 f_2}(\tau)\right] = F_1(\omega) F_2(\omega)^* \tag{5.15}$$

特に $f_1(t)$ が $f_2(t)$ と等しい場合，

$$R_{f_1 f_1}(\tau) = \int_{-\infty}^{\infty} f_1(\tau+t) f_1(t)^* dt \tag{5.16}$$

を自己相関関数（autocorrelation function）とよび，そのフーリエ変換は次の式で表される．

$$\mathcal{F}\left[R_{f_1 f_1}(\tau)\right] = |F_1(\omega)|^2 \tag{5.17}$$

この関係は，ウィーナ・ヒンチンの定理（Wiener-Khinchin theorem）と呼ばれる．

5.4 パーセバルの等式

関数 $f(t)$ とそのフーリエ変換 $F(\omega)$ の間には，次の関係式が成り立つ．

$$\int_{-\infty}^{\infty} |f(t)|^2 dt = \frac{1}{2\pi} \int_{-\infty}^{\infty} |F(\omega)|^2 d\omega \tag{5.18}$$

第 5 章　フーリエ変換の性質

この関係式はパーセバルの等式（Parseval's equality）と呼ばれ，これが成り立つことは次のようにして示すことができる．

積関数のフーリエ変換（式 (5.13)）において $\omega = 0$ とおくと，次の式を得る．

$$\int_{-\infty}^{\infty} f_1(t)f_2(t)dt = \frac{1}{2\pi}\int_{-\infty}^{\infty} F_1(u)F_2(-u)du$$

ここで変数を書き換えれば，

$$\int_{-\infty}^{\infty} f_1(t)f_2(t)dt = \frac{1}{2\pi}\int_{-\infty}^{\infty} F_1(\omega)F_2(-\omega)d\omega \tag{5.19}$$

となる．

$f_2(t)$ を関数 $g(t)$ の複素共役 $g(t)^*$ に等しいとおくと，$f_2(t)$ のフーリエ変換 $F_2(\omega)$ と $g(t)$ のフーリエ変換 $G(\omega)$ の間には次の関係が成り立つ．

$$F_2(-\omega) = \int_{-\infty}^{\infty} f_2(t)e^{-j(-\omega)t}dt = \int_{-\infty}^{\infty} g(t)^* e^{j\omega t}dt = G(\omega)^* \tag{5.20}$$

式 (5.19) において $f_1(t)$ を $f(t)$ と書きなおし，そのフーリエ変換を $F(\omega)$ とする．式 (5.20) を用いれば，次の関係が成り立つ．

$$\int_{-\infty}^{\infty} f(t)g(t)^*dt = \frac{1}{2\pi}\int_{-\infty}^{\infty} F(\omega)G(\omega)^*d\omega \tag{5.21}$$

この式で，特に $g(t) = f(t)$ とすれば，次のパーセバルの等式が成り立つ．

$$\int_{-\infty}^{\infty} |f(t)|^2 dt = \frac{1}{2\pi}\int_{-\infty}^{\infty} |F(\omega)|^2 d\omega$$

ここで，左辺 $\int_{-\infty}^{\infty} |f(t)|^2 dt$ は，関数 $f(t)$ の全エネルギーを表す．パーセバルの等式により，これが $\frac{1}{2\pi}\int_{-\infty}^{\infty} |F(\omega)|^2 d\omega$ に等しいということは，$\frac{|F(\omega)|^2}{2\pi}$ が角周波数 ω の単振動成分に含まれるエネルギーを表していると考えることができる．$|F(\omega)|^2$ はパワースペクトル（power spectrum）またはエネルギースペクトル（energy spectrum）といわれる．

5.5 フーリエ変換における双対性

時間関数 $f(t)$ のフーリエ変換 $F(\omega)$ は $f(t)$ の周波数スペクトル密度を表すことから，時間領域（time domain）と周波数領域（frequency domain）の間には双対（duality）な関係が存在する．例えば，次の（a）と（b）を対比すれば，時間領域の関数とそのフーリエ変換（周波数領域の関数）の間に双対な関係が成り立つことがわかるであろう．

- (a) 時間軸上の 1 点でのみ非 0 の値をもつ関数はデルタ関数であり，そのスペクトル密度は周波数軸上 $-\infty$ から ∞ の範囲で一定値 1 をもつ．
- (b) 1 つの周波数成分だけをもつ関数は単振動をする正弦関数，余弦関数もしくは直流であり，そのスペクトル密度は $\delta(\omega)$ で表される．このような関数は，時間軸上では $-\infty$ から ∞ で一定の振幅をもつ．

第 5 章　フーリエ変換の性質

演習問題

[演習 5.1] 関数 $f(t)$ のフーリエ変換が $F(\omega)$ のとき，$f(at+b)$ のフーリエ変換を求めよ．ただし，$a \neq 0$ とする．

[演習 5.2] 関数 $f(t) = e^{-a|t|}\,(a>0)$ の自己相関関数を求めよ．次に，その結果をフーリエ変換し，式（5.17）の関係が成り立つことを示せ．

第6章
フーリエ変換と線形システム

　関数の時間的な変化は周波数スペクトルから類推することができ，フーリエ変換は線形システムの時間応答を考える際に重要な手法となる．本章では，電気電子工学における線形システムの例として線形回路を取り上げ，入力に対する線形回路の応答を考える際に重要な伝達関数が，フーリエ変換の考えを用いてどのように表されるか説明する．

6.1　線形回路の応答とフーリエ変換

6.1.1　線形回路の基本的性質

　回路の入力に対する出力は，回路の特性によってのみ決まる．入力が時間に対して関数 $f(t)$ で変化するとき，この入力に対する出力（応答）が $g(t)$ であったとすると，入力と応答の関係は回路の特性を表す演算子 T を用いて次のように表される（図 6.1）．

$$T[f(t)] = g(t) \tag{6.1}$$

　本書では，次の性質がある回路を対象とする．

第6章 フーリエ変換と線形システム

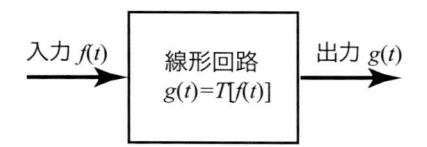

図 6.1 線形回路の入出力関係

i) 線形性

入力 $f_1(t), f_2(t)$ に対する応答をそれぞれ $g_1(t), g_2(t)$ とすると，次の関係（線形性）が成り立つ．

$$T[\alpha_1 f_1(t) + \alpha_2 f_2(t)] = \alpha_1 T[f_1(t)] + \alpha_2 T[f_2(t)] \\ = \alpha_1 g_1(t) + \alpha_2 g_2(t) \tag{6.2}$$

ii) 時不変性 (time invariance)

時間によって回路の特性が変化することがないという性質である．回路の入力と応答の関係が式 (6.1) で表されるのであれば，時間原点を τ だけ移動しても回路の特性は変化しないので，次の関係が成り立つ．

$$T[f(t-\tau)] = g(t-\tau) \tag{6.3}$$

iii) 因果律 (causality)

$t < 0$ で入力が $f(t) = 0$ であるとすれば，$t < 0$ において $T[f(t)] = g(t) = 0$ ということである．つまり，結果が原因より先に現れることはない．

さらに，デルタ関数を入力として回路に加えた場合の応答をインパルス応答 (impulse response) と呼び，$h(t)$ と表すことにする．すなわち，

$$T[\delta(t)] = h(t) \tag{6.4}$$

6.1 線形回路の応答とフーリエ変換

である．次に，任意の入力 $f(t)$ を回路に加えた場合の応答 $g(t)$ と，回路のインパルス応答 $h(t)$ の間に成り立つ関係を調べる．

まず，デルタ関数の性質を用いると，任意の入力 $f(t)$ は次のように表される．

$$f(t) = \int_{-\infty}^{\infty} f(\tau)\delta(t-\tau)d\tau \tag{6.5}$$

したがって，式 (6.5) で表される入力 $f(t)$ に対する応答 $g(t)$ は，次のように表される．

$$g(t) = T[f(t)] = T\left[\int_{-\infty}^{\infty} f(\tau)\delta(t-\tau)d\tau\right]$$

さらに，演算子 T は時間変数 t に対してのみ作用する演算子であるから，

$$g(t) = \int_{-\infty}^{\infty} f(\tau)T[\delta(t-\tau)]d\tau \tag{6.6}$$

ここで，時間軸を τ だけ移動したデルタ関数入力に対しては，回路の時不変性によって次の関係が成り立つ．

$$T[\delta(t-\tau)] = h(t-\tau) \tag{6.7}$$

式 (6.7) を，式 (6.6) に代入すると，入力 $f(t)$ に対する応答 $g(t)$ は次のようになる．

$$g(t) = \int_{-\infty}^{\infty} f(\tau)h(t-\tau)d\tau \tag{6.8}$$

すなわち，入力 $f(t)$ に対する応答 $g(t)$ は，$f(t)$ とインパルス応答 $h(t)$ の畳み込み関数として与えられる．$t' = t-\tau$ と変数変換すれば，式 (6.8) は次のように書くこともできる．

$$g(t) = \int_{-\infty}^{\infty} f(t-t')T[\delta(t')]dt' = \int_{-\infty}^{\infty} f(t-\tau)h(\tau)d\tau$$

また，$t < 0$ で $\delta(t) = 0$ なので，回路の因果律より $h(t) = 0$ $(t < 0)$ である．すなわち，式 (6.8) において，$t < \tau$ で $h(t-\tau) = 0$ となる．

第6章　フーリエ変換と線形システム

以上のことから，性質 i)〜iii) をもつ回路において，入力 $f(t)$ に対する応答 $g(t)$ は，次の式で与えられる．

$$
\begin{aligned}
g(t) &= \int_{-\infty}^{\infty} f(\tau)h(t-\tau)d\tau \\
&= \int_{-\infty}^{t} f(\tau)h(t-\tau)d\tau \\
&= \int_{0}^{\infty} f(t-\tau)h(\tau)d\tau
\end{aligned}
\tag{6.9}
$$

線形回路に加える入力 $f(t)$，入力 $f(t)$ に対する応答 $g(t)$，線形回路のインパルス応答 $h(t)$ のフーリエ変換を，それぞれ $F(\omega) = \mathcal{F}[f(t)]$，$G(\omega) = \mathcal{F}[g(t)]$，$H(\omega) = \mathcal{F}[h(t)]$ とする．式 (6.8) に示されるように，$g(t)$ は $f(t)$ と $h(t)$ の畳み込み関数で与えられるので，それぞれのフーリエ変換の間には次の関係が成り立つ．

$$
G(\omega) = \mathcal{F}[f*h] = \mathcal{F}[f(t)]\mathcal{F}[h(t)] = F(\omega)H(\omega) \tag{6.10}
$$

線形回路の周波数特性はインパルス応答 $h(t)$ のフーリエ変換 $H(\omega)$ で表され，入力の周波数スペクトル密度 $F(\omega)$ と回路の周波数特性 $H(\omega)$ の積で応答の周波数スペクトル密度 $G(\omega)$ が決まる．

応答の時間波形 $g(t)$ を得るためには，$G(\omega) = F(\omega)H(\omega)$ をフーリエ逆変換すればよい．すなわち，式 (6.10) の $G(\omega)$ をフーリエ逆変換して，

$$
g(t) = \frac{1}{2\pi}\int_{-\infty}^{\infty} G(\omega)e^{j\omega t}d\omega = \frac{1}{2\pi}\int_{-\infty}^{\infty} F(\omega)H(\omega)e^{j\omega t}d\omega \tag{6.11}
$$

となる．

6.1.2　正弦波入力に対する線形回路の応答

角周波数 ω_0 の正弦波のフーリエ変換は次のようになる．

$$
\mathcal{F}[e^{j\omega_0 t}] = \int_{-\infty}^{\infty} e^{j\omega_0 t}e^{-j\omega t}dt = \int_{-\infty}^{\infty} e^{j(\omega_0-\omega)t}dt
$$

デルタ関数のフーリエ逆変換の関係式から，

$$\delta(\omega) = \frac{1}{2\pi} \int_{-\infty}^{\infty} e^{j\omega t} dt$$

が成り立つので，角周波数 ω_0 の正弦波のフーリエ変換は次のようになる．

$$\mathcal{F}[e^{j\omega_0 t}] = \int_{-\infty}^{\infty} e^{j(\omega_0-\omega)t} dt = 2\pi\delta(\omega_0 - \omega) = 2\pi\delta(\omega - \omega_0) \quad (6.12)$$

これを用いると，インパルス応答のフーリエ変換が $H(\omega)$ なる回路に角周波数 ω_0 の正弦波 $e^{j\omega_0 t}$ を入力として与えた場合，時間領域の応答を式 (6.11) から求めると次のようになる．

$$g(t) = \frac{1}{2\pi} \int_{-\infty}^{\infty} 2\pi\delta(\omega - \omega_0) H(\omega) e^{j\omega t} d\omega = H(\omega_0) e^{j\omega_0 t} \quad (6.13)$$

ここで，第 4 章の式（4.13）のデルタ関数の性質を用いている．

正弦波入力に対して得られる線形回路の応答を入力 $e^{j\omega_0 t}$ で除した結果を，角周波数 ω_0 における回路の伝達関数と呼ぶ．式 (6.13) より $\frac{g(t)}{e^{j\omega_0 t}} = H(\omega_0)$ であるから，角周波数 ω_0 における伝達関数は回路のインパルス応答のフーリエ変換 $H(\omega)$ で $\omega = \omega_0$ とおいた結果に等しいということがわかる．

6.1.3　線形回路のインパルス応答

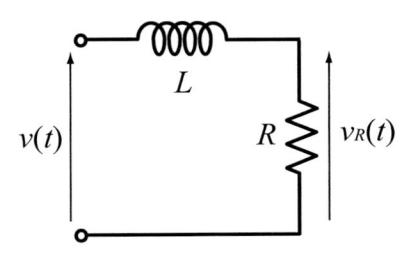

図 6.2　RL 直列回路

第6章　フーリエ変換と線形システム

　線形回路の応答とフーリエ変換の関係を，抵抗 R とインダクタ L からなる RL 直列回路（図 6.2）を例として考える．この回路において，抵抗の両端の電圧 $v_R(t)$ を入力電圧 $v(t)$ に対する応答と考え，$v_R(t)$ のインパルス応答のフーリエ変換を二通りの方法で求める．

（1）時間領域における解析

　回路を流れる電流を $i(t)$ とおくと，インダクタの両端の電圧は $L\dfrac{di(t)}{dt}$ となるので，RL 直列回路にデルタ関数的に入力電圧を印加すると，回路方程式は次のようになる．

$$L\frac{di(t)}{dt} + Ri(t) = \delta(t) \tag{6.14}$$

ただし，入力電圧が印加される前に回路に電流は流れておらず，$i(0_-) = 0$ であると仮定する．

　式 (6.14) の微分方程式を解くために，まず $t > 0$ における関数の形を求める．$t > 0$ で $\delta(t) = 0$ あるから，微分方程式は次のようになる．

$$L\frac{di(t)}{dt} + Ri(t) = 0$$

この微分方程式を解くと，電流 $i(t)$ は定数 a を用いて次のように表される．

$$i(t) = ae^{-\frac{R}{L}t} \quad (t > 0) \tag{6.15}$$

　次に，$t = 0$ における初期値を求めるために，式 (6.14) の両辺を $t = 0$ の前後 $-\epsilon \leq t \leq \epsilon$ にわたって積分する．

$$L\int_{-\epsilon}^{\epsilon} \frac{di(t)}{dt}dt + R\int_{-\epsilon}^{\epsilon} i(t)dt = \int_{-\epsilon}^{\epsilon} \delta(t)dt \tag{6.16}$$

　式 (6.16) において，左辺第 1 項目は次のようになる．

$$L\int_{-\epsilon}^{\epsilon} \frac{di(t)}{dt}dt = L[i(\epsilon) - i(-\epsilon)]$$

6.1 線形回路の応答とフーリエ変換

ここで $i(0_-) = 0$ であるから，$\epsilon \to 0$ とすると，

$$L \int_{-\epsilon}^{\epsilon} \frac{di(t)}{dt} dt \to Li(0_+)$$

となる．
また，式 (6.16) の左辺第 2 項目は，$\epsilon \to 0$ とすると，

$$\int_{-\epsilon}^{\epsilon} i(t) dt \to 0$$

となる．式 (6.16) の右辺は，デルタ関数の性質から，$\epsilon \to 0$ で，

$$\int_{-\epsilon}^{\epsilon} \delta(t) dt \to 1$$

である．

これらを式 (6.16) にあてはめると，$t = 0$ における $i(t)$ の初期値 (initial value) として次の値を得る．

$$i(0_+) = \frac{1}{L} \tag{6.17}$$

式 (6.15) において，$t = 0$ における初期値が式 (6.17) と一致するように定数 a を定めると，抵抗 R の両端の電圧 $Ri(t)$ のインパルス応答（時間領域の応答）は次のようになる．

$$h(t) = \begin{cases} \dfrac{R}{L} e^{-\frac{R}{L}t} & (t > 0) \\ 0 & (t < 0) \end{cases} \tag{6.18}$$

この結果をフーリエ変換すると，インパルス応答のフーリエ変換は次のように求まる．

$$H(\omega) = \int_{-\infty}^{\infty} h(t) e^{-j\omega t} dt = \int_{0}^{\infty} \frac{R}{L} e^{-\frac{R}{L}t} e^{-j\omega t} dt = \frac{R}{R + j\omega L} \tag{6.19}$$

第 6 章　フーリエ変換と線形システム

(2) 交流理論による定常波解析

回路の入力（印加電圧）を正弦波交流 $v(t) = e^{j\omega_0 t}$ とすると，RL 直列回路を流れる電流の複素表現 $\dot{I}(t)$ は定常波解析から次のように求まる．

$$\dot{I}(t) = \frac{e^{j\omega_0 t}}{R + j\omega_0 L}$$

ここで，特に複素表現であることを明らかにするために $\dot{I}(t)$ と記している．これを用いれば，抵抗の両端の電圧の複素表現 $\dot{V}_R(t)$ は，次のように求まる．

$$\dot{V}_R(t) = \frac{R}{R + j\omega_0 L} e^{j\omega_0 t}$$

したがって，角周波数 ω_0 における伝達関数は $\dfrac{\dot{V}_R(t)}{e^{j\omega_0 t}}$ で求まり，$v_R(t)$ のインパルス応答のフーリエ変換は次の式で与えられる．

$$H(\omega) = \frac{R}{R + j\omega L} \tag{6.20}$$

確かに時間領域の解析から求めた結果（式 (6.19)）と一致する．

6.1.4　線形回路の周波数特性と時間応答

線形回路のインパルス応答がわかれば，任意の入力に対する周波数応答と時間応答を求めることがきる．図 6.2 に示す RL 直列回路に単一矩形パルスを入力した場合について，時間応答がどのようにして求まるか考えてみる．

応答として考える抵抗の両端の電圧 $v_R(t)$ のインパルス応答のフーリエ変換は，式 (6.20) で与えられる．一方，入力信号として振幅 1 の単一矩形パルスを与えると，そのフーリエ変換は式 (4.16) から次のようになる．

$$F(\omega) = \frac{2 \sin a\omega}{\omega}$$

ここで，単一矩形パルスの幅を $2a$ としている．これより，応答（抵抗の両端の電圧）のフーリエ変換は，

$$G(\omega) = F(\omega)H(\omega) = \frac{2\sin a\omega}{\omega}\frac{R}{R+j\omega L}$$

となる．

さらに，これをフーリエ逆変換して，応答の時間波形は次のようにして計算することができる．

$$\begin{aligned}g(t) &= \frac{1}{2\pi}\int_{-\infty}^{\infty} 2\frac{\sin a\omega}{\omega}\frac{R}{R+j\omega L}e^{j\omega t}d\omega \\ &= \frac{2}{\pi}\int_{0}^{\infty} \frac{\sin a\omega}{\omega} Re\left[\frac{R}{R+j\omega L}e^{j\omega t}\right]d\omega \\ &= \frac{2}{\pi}\int_{0}^{\infty} \frac{\sin a\omega}{\omega}\frac{\cos\omega t + \left(\frac{\omega L}{R}\right)\sin\omega t}{1+\left(\frac{\omega L}{R}\right)^2}d\omega \end{aligned} \quad (6.21)$$

ここで，時間軸をパルス幅で規格化して $x = \dfrac{t}{a}$ で表し，さらに $a\omega = u$ とおけば $\omega t = xu$ となる．$\dfrac{L}{aR} = c$ とおいて，式 (6.21) を整理すると次のようになる．

$$g(t) = \frac{2}{\pi}\int_{0}^{\infty} \frac{\sin u}{u}\frac{\cos xu + cu\sin xu}{1+(cu)^2}du \quad (6.22)$$

この式から時間応答波形を計算した結果を図 6.3 に示す．$c = \dfrac{L}{aR}$ の値をパラメータとして，パルス幅で規格化した時間 $x = \dfrac{t}{a}$ に対して応答の時間波形を描いている．インダクタの大きさ L と抵抗 R の比 $\dfrac{L}{R}$ が小さい方が，入力の矩形パルスに近い応答が得られる様子が，この図から読み取れる．

6.2　ヒルベルト変換

時不変性をもつ線形システムのインパルス応答 $h(t)$ のフーリエ変換 $H(\omega)$ は，システムの応答を表し，システム関数 (system function) とも呼ばれる．

第 6 章　フーリエ変換と線形システム

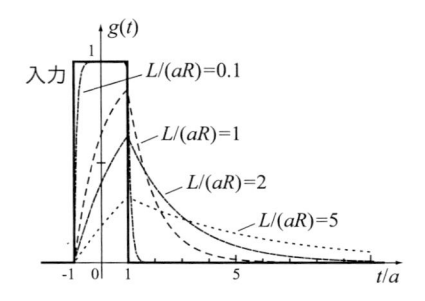

図 **6.3**　RL 直列回路の時間応答

$h(t)$ が実関数となる場合，システム関数 $H(\omega)$ の実数部 $R(\omega)$ および虚数部 $X(\omega)$ は，それぞれ ω の偶関数および奇関数になる．

因果律の成り立つ時不変線形システムを考えると，そのシステム関数の実数部 $R(\omega)$ および虚数部 $X(\omega)$ の間には，次の関係（ヒルベルト変換（Hilbert transform））が成り立ち，互いに独立ではない．

$$R(\omega) = \frac{1}{\pi} \int_{-\infty}^{\infty} \frac{X(y)}{\omega - y} dy$$

$$X(\omega) = -\frac{1}{\pi} \int_{-\infty}^{\infty} \frac{R(y)}{\omega - y} dy$$

この関係は，次のようにして導かれる．

まず，システム関数 $H(\omega) = R(\omega) + jX(\omega)$ のフーリエ逆変換が $h(t)$ であることから次のようになる．

$$\begin{aligned}
h(t) &= \frac{1}{2\pi} \int_{-\infty}^{\infty} H(\omega) e^{j\omega t} d\omega \\
&= \frac{1}{2\pi} \int_{-\infty}^{\infty} \{R(\omega) + jX(\omega)\}(\cos\omega t + j\sin\omega t) d\omega \\
&= \frac{1}{2\pi} \int_{-\infty}^{\infty} \{R(\omega)\cos\omega t - X(\omega)\sin\omega t\} d\omega \\
&\quad + j\frac{1}{2\pi} \int_{-\infty}^{\infty} \{R(\omega)\sin\omega t + X(\omega)\cos\omega t\} d\omega \qquad (6.23)
\end{aligned}$$

6.2 ヒルベルト変換

$h(t)$ を実関数とすると，

$$h(t) = \frac{1}{2\pi}\int_{-\infty}^{\infty} R(\omega)\cos\omega t d\omega - \frac{1}{2\pi}\int_{-\infty}^{\infty} X(\omega)\sin\omega t d\omega \quad (6.24)$$

となる．

式 (6.24) の右辺第 1 項は t に関して偶関数，第 2 項は t に関して奇関数であるから，それぞれ，$h_e(t), h_o(t)$ とおく．すなわち，

$$h_e(t) = \frac{1}{2\pi}\int_{-\infty}^{\infty} R(\omega)\cos\omega t d\omega$$

$$h_o(t) = -\frac{1}{2\pi}\int_{-\infty}^{\infty} X(\omega)\sin\omega t d\omega$$

さらに，$R(\omega)$ および $X(\omega)$ の ω に関する偶奇性を考えると，

$$\frac{j}{2\pi}\int_{-\infty}^{\infty} R(\omega)\sin\omega t d\omega = 0$$

$$\frac{j}{2\pi}\int_{-\infty}^{\infty} X(\omega)\cos\omega t d\omega = 0$$

が成り立つので，$h_e(t)$，$h_o(t)$ は次のようになる．

$$h_e(t) = \frac{1}{2\pi}\int_{-\infty}^{\infty} R(\omega)e^{j\omega t}d\omega \quad (6.25)$$

$$h_o(t) = \frac{1}{2\pi}\int_{-\infty}^{\infty} jX(\omega)e^{j\omega t}d\omega \quad (6.26)$$

一方，このシステムでは因果律が成り立つので，$t<0$ で $h(t)=0$ である．$h(t)$ を t に関する偶関数部 $h_e(t)$ と奇関数部 $h_o(t)$ を用いて，

$$h(t) = h_e(t) + h_o(t) \quad (6.27)$$

と表すとき，$t<0$ において $h(t)=0$ であるならば，$t>0$ において $h_e(t) = h_o(t)$ となる．このことから，符号関数 (signum function)

$$\mathrm{sgn}(t) = \begin{cases} 1 & (t>0) \\ -1 & (t<0) \end{cases} \quad (6.28)$$

を用いると，$h_e(t), h_o(t)$ は互いに次のように関係付けられる．

$$h_e(t) = h_o(t)\text{sgn}(t)$$

$$h_o(t) = h_e(t)\text{sgn}(t)$$

したがって，$h_e(t)$ および $h_o(t)$ のフーリエ変換について，次の関係が成り立つ．

$$\mathcal{F}[h_e(t)] = \mathcal{F}[h_o(t)\text{sgn}(t)] = \frac{1}{2\pi}\mathcal{F}[h_o(t)] * \mathcal{F}[\text{sgn}(t)] \tag{6.29}$$

$$\mathcal{F}[h_o(t)] = \frac{1}{2\pi}\mathcal{F}[h_e(t)] * \mathcal{F}[\text{sgn}(t)] \tag{6.30}$$

ここで，フーリエ変換の性質（積関数のフーリエ変換）第 5 章の式 (5.13) を用いた．

式 (6.25) および (6.26) で表されるように，$h_e(t), h_o(t)$ のフーリエ変換は，それぞれ $R(\omega), jX(\omega)$ である．また，

$$\mathcal{F}[\text{sgn}(t)] = \frac{2}{j\omega}$$

であるから，式 (6.29), (6.30) より，$R(\omega)$ と $X(\omega)$ の間には次の関係（ヒルベルト変換）が成り立つことがわかる．

$$R(\omega) = \frac{1}{2\pi}jX(\omega) * \frac{2}{j\omega} = \frac{1}{\pi}\int_{-\infty}^{\infty}\frac{X(u)}{\omega - u}du \tag{6.31}$$

$$X(\omega) = \frac{1}{j2\pi}R(\omega) * \frac{2}{j\omega} = -\frac{1}{\pi}\int_{-\infty}^{\infty}\frac{R(u)}{\omega - u}du \tag{6.32}$$

ここで，システム関数 $H(\omega) = R(\omega) + jX(\omega)$ の実数部と虚数部が互いに独立ではないということが何を意味するのか，電気電子工学の例で考えてみる．正弦波 $e^{j\omega t}$ を入力として与え，得られた応答 $g(t)$ を入力で除した結果 $\frac{g(t)}{e^{j\omega t}} = H(\omega)$ がシステム関数である．したがって，入力として正弦波電圧 $e^{j\omega t}$ を与えた場合の 2 端子対回路（two port circuit）に流れ込む電流

を応答 $g(t)$ として考えた場合,システム関数 $H(\omega) = R(\omega) + jX(\omega)$ は 2 端子対回路の入力アドミッタンス (input admittance) となる.式 (6.31),(6.32) のヒルベルト変換が成り立つということは,2 端子対回路の入力アドミッタンスの実数部 $R(\omega)$ と虚数部 $X(\omega)$ が独立ではないということを意味している.入力アドミッタンスの実数部もしくは虚数部がわかれば,他方もヒルベルト変換によって求めることができる.

第6章 フーリエ変換と線形システム

演習問題

[演習 6.1] 図 6.4 に示す線形回路において，入力として電圧 $v(t)$ を与えた場合の抵抗 R の両端の電圧 $v_R(t)$ を応答と考える．この回路の伝達関数 $H(\omega)$ を求めよ．

(a)

(b)

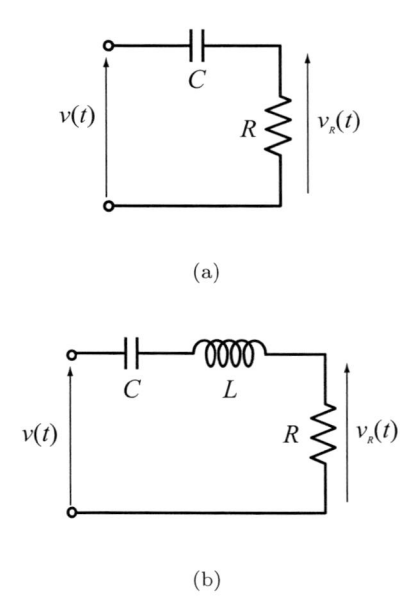

図 **6.4** (a) RC 直列回路，(b) RLC 直列回路

[演習 6.2] ある線形システムに図 6.5（a）に示す時間関数を入力したところ，図 6.5（b）の出力が得られた．
（1）このシステムのシステム関数 $H(\omega)$ を求めよ．

6.2 ヒルベルト変換

(2) このシステムのインパルス応答 $h(t)$ を求めよ．

(a)

(b)

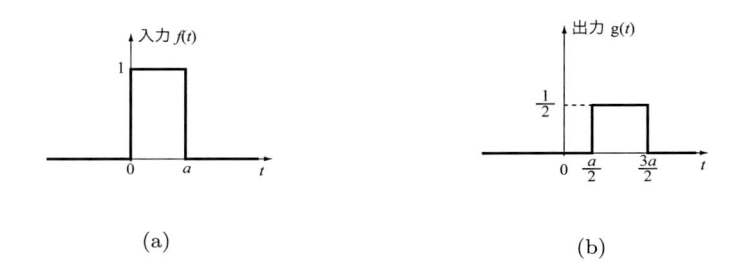

図 **6.5** （a）線形システムへの入力と（b）線形システムからの出力

第 7 章
標本化定理

時間とともに連続的に変化する信号の値を一定の間隔で標本化すると離散的な数値列が得られる．標本化定理によると，この離散的な数値列から元の連続信号の標本点以外の値も復元できる．元の連続信号を正しく復元するためには，信号の周波数帯域幅と標本化の時間間隔が一定の条件を満足していなければならない．本章では，この条件とともに標本化定理について説明する．

7.1 標本化定理

標本化定理 (sampling theorem) によると，周波数帯域 (frequency bandwidth) が f_m[Hz] 以下に制限されている信号は，その信号を $\dfrac{1}{2f_m}$ 秒以下の一定の時間間隔で標本化 (sampling) して得られる離散的な標本値 (sampling value) だけで復元することができる．この定理が成り立つことは，次のようにして説明される．

時間原点を適当に選んで $t = 0$ をサンプリング時刻の一つとしても一般性を失わないので，一定の時間間隔 $\dfrac{1}{2f_m}$ 秒ごとのサンプリング時刻を $t_n = \dfrac{n}{2f_m}(n = 0, \pm 1, \pm 2, \cdots)$ とする．このとき，サンプリング周波数は $2f_m$[Hz] である．

第 7 章　標本化定理

元の信号 $f(t)$ の周波数帯域が $f_m[\text{Hz}]$ 以下に制限されているときには，$f(t)$ のフーリエ変換 $F(\omega)$ は $|\omega| > 2\pi f_m$ で $F(\omega) = 0$ となる．「2.1 非周期関数のフーリエ級数」で述べたように，$-2\pi f_m \leq \omega \leq 2\pi f_m$ の範囲でのみ定義された関数 $F(\omega)$ を周期 $4\pi f_m$ の周期関数とみなして，次のようにフーリエ級数で展開することができる．

$$F(\omega) = \sum_{n=-\infty}^{\infty} c_n \exp\left(jn\frac{2\pi}{4\pi f_m}\omega\right) = \sum_{n=-\infty}^{\infty} c_n \exp\left(j\frac{n}{2f_m}\omega\right) \quad (7.1)$$

ここで，展開係数は第 3 章の式（3.4）から次の式で求まる．

$$c_n = \frac{1}{4\pi f_m} \int_{-2\pi f_m}^{2\pi f_m} F(\omega) \exp\left(-j\frac{n}{2f_m}\omega\right) d\omega \quad (7.2)$$

次に，式（7.1）で表される $F(\omega)$ をフーリエ逆変換すると $f(t)$ になるので，次の関係が成り立つ．

$$\begin{aligned}
f(t) &= \frac{1}{2\pi} \int_{-2\pi f_m}^{2\pi f_m} \left\{\sum_{n=-\infty}^{\infty} c_n \exp\left(j\frac{n}{2f_m}\omega\right)\right\} e^{j\omega t} d\omega \\
&= \frac{1}{2\pi} \sum_{n=-\infty}^{\infty} 2c_n \int_{0}^{2\pi f_m} \cos\left(\frac{n}{2f_m} + t\right) \omega d\omega \\
&= 2f_m \sum_{n=-\infty}^{\infty} c_n \frac{\sin 2\pi f_m \left(t + \frac{n}{2f_m}\right)}{2\pi f_m \left(t + \frac{n}{2f_m}\right)}
\end{aligned} \quad (7.3)$$

ここで，$F(\omega)$ は $-2\pi f_m \leq \omega \leq 2\pi f_m$ の範囲でのみ正しくフーリエ級数展開されており，$|\omega| > 2\pi f_m$ で $F(\omega) = 0$ であるから，フーリエ逆変換の積分範囲は $-2\pi f_m \leq \omega \leq 2\pi f_m$ であることに注意しなければならない．式（7.3）で n を $-n$ と書き直すと，$f(t)$ は次の式で表される．

$$f(t) = 2f_m \sum_{n=-\infty}^{\infty} c_{-n} \frac{\sin 2\pi f_m \left(t - \frac{n}{2f_m}\right)}{2\pi f_m \left(t - \frac{n}{2f_m}\right)} \quad (7.4)$$

7.1 標本化定理

一方,フーリエ逆変換の定義式 (4.6) で $t = t_n = \frac{n}{2f_m}$ とすると,次の式を得る.

$$f(t_n) = \frac{1}{2\pi} \int_{-2\pi f_m}^{2\pi f_m} F(\omega) \exp\left(j\frac{n}{2f_m}\omega\right) d\omega$$

式 (7.2) と見比べると $f(t_n) = 2f_m c_{-n}$ であるから,式 (7.4) は次のように書き直すことができる.

$$f(t) = \sum_{n=-\infty}^{\infty} f(t_n) \frac{\sin 2\pi f_m \left(t - \frac{n}{2f_m}\right)}{2\pi f_m \left(t - \frac{n}{2f_m}\right)} \quad (7.5)$$

すなわち,この式から,標本化関数 (sampling function) (sinc 関数) $s_n(t)$

$$s_n(t) = \frac{\sin 2\pi f_m \left(t - \frac{n}{2f_m}\right)}{2\pi f_m \left(t - \frac{n}{2f_m}\right)} \quad (7.6)$$

とサンプリング時刻 $t_n = \dfrac{n}{2f_m}$ $(n = 0, \pm 1, \pm 2, \cdots)$ における標本値 $f(t_n)$ を用いれば,任意の時刻における元の信号の値が次の式で復元できるということがわかる.

$$f(t) = \sum_{n=-\infty}^{\infty} f(t_n) s_n(t) \quad (7.7)$$

標本化関数 $s_n(t)$ の概形を図 7.1 に示す.$s_n(t)$ は,次の特徴をもつ関数である.

- $s_0(0) = 1$ であり, $t_n = \dfrac{n}{2f_m}$ $(n = \pm 1, \pm 2, \pm 3, \cdots)$ で $s_0(t_n) = \dfrac{\sin n\pi}{n\pi} = 0$ となる.
- $s_n(t)$ は, $s_0(t) = \dfrac{\sin 2\pi f_m t}{2\pi f_m t}$ を $t_n = \dfrac{n}{2f_m}$ だけ平行移動した関数である.

第 7 章　標本化定理

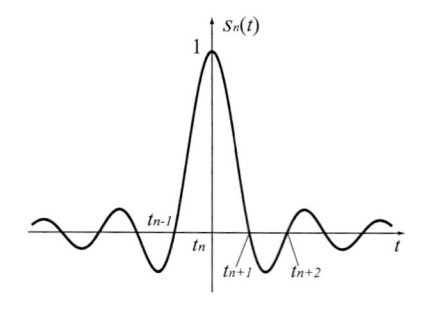

図 **7.1**　標本化関数

7.2　ナイキスト周波数とエリアシング

　信号 $f(t)$ を一定の時間間隔でサンプリングして得られる標本値を時間軸上に並べた標本値列を $f_s(t)$ とし，信号 $f(t)$ のスペクトルと標本値列 $f_s(t)$ のスペクトルの関係を考える．

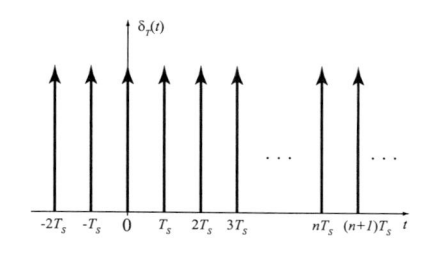

図 **7.2**　デルタ関数列

7.2 ナイキスト周波数とエリアシング

デルタ関数 $\delta(t)$ を一定の時間間隔 T_s ごとに繰り返して重ね合わせた関数（図 7.2）

$$\delta_T(t) = \sum_{n=-\infty}^{\infty} \delta(t - nT_s) \tag{7.8}$$

を用いると，信号 $f(t)$ を一定間隔 T_s でサンプリングして得られる標本値列は，

$$f_s(t) = T_s f(t) \delta_T(t) \tag{7.9}$$

と表すことができる（図 7.3）．右辺は $f(t)$ とデルタ関数の積からなり，元の信号そのものを表してはいない．しかし，サンプリング時刻を含む 1 サンプリング間隔 T_s にわたって $f_s(t)$ を積分すると，信号 $f(t)$ を同じ時間範囲で積分した結果のよい近似になっており，T_s を無限に小さくすると元の信号 $f(t)$ に一致する．そのために，右辺に T_s をかけてある．

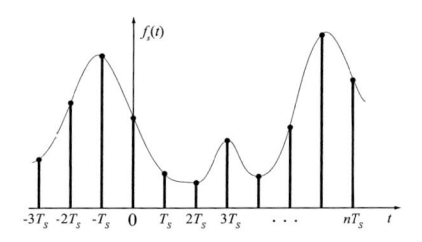

図 **7.3** 標本値列

積関数のフーリエ変換（第 5 章の式（5.13））に従って標本値列 $f_s(t)$ のフーリエ変換を計算すると，次のようになる．

$$\mathcal{F}[f_s(t)] = \mathcal{F}[T_s f(t) \delta_T(t)] = \frac{T_s}{2\pi} \mathcal{F}[f(t)] * \mathcal{F}[\delta_T(t)] \tag{7.10}$$

ここで，$\delta_T(t)$ のフーリエ変換は，

$$\int_{-\infty}^{\infty} \delta_T(t) e^{-j\omega t} dt = \frac{2\pi}{T_s} \sum_{n=-\infty}^{\infty} \delta\left(\omega - \frac{2n\pi}{T_s}\right) \tag{7.11}$$

第 7 章 標本化定理

となるので（演習 7.2），$f_s(t)$ のフーリエ変換（式 (7.10)）は次のように求まる．

$$\begin{aligned}\mathcal{F}[f_s(t)] &= \int_{-\infty}^{\infty} F(\omega - u) \sum_{n=-\infty}^{\infty} \delta\left(u - \frac{2n\pi}{T_s}\right) du \\ &= \sum_{n=-\infty}^{\infty} F\left(\omega - \frac{2n\pi}{T_s}\right) \end{aligned} \quad (7.12)$$

すなわち，標本値列 $f_s(t)$ のフーリエ変換は，信号 $f(t)$ のフーリエ変換 $F(\omega)$ が角周波数 $\dfrac{2\pi}{T_s}$ の間隔で周期的に現れる形になる．

一定の時間間隔でサンプリングして得られる離散的な標本値から正しく復元可能な信号の最大周波数を，ナイキスト周波数（nyquist frequency）という．サンプリングの時間間隔を T_s とした場合，サンプリング周波数は $\dfrac{1}{T_s}$ であるから，ナイキスト周波数は $\dfrac{1}{2T_s}$ となる．

ここで，標本値列 $f_s(t)$ のフーリエ変換をもとに，ナイキスト周波数 f_N と信号 $f(t)$ の周波数帯域 f_m の関係を考えてみる．信号 $f(t)$ がナイキスト周波数 f_N より高い周波数成分を含まない場合（$f_m \leq f_N$），信号 $f(t)$ のスペクトルを図 7.4 (a) のように仮定すると，標本値列 $f_s(t)$ のスペクトルは式 (7.12) から図 7.4 (b) のようになる．

すなわち，標本値列 $f_s(t)$ のスペクトルは信号 $f(t)$ のスペクトルと $-2\pi f_N \leq \omega \leq 2\pi f_N$ の範囲で一致する．したがって，この範囲の $f_s(t)$ のスペクトルをフーリエ逆変換することによって，元の信号 $f(t)$ が正しく復元される．

7.2 ナイキスト周波数とエリアシング

(a)

(b)

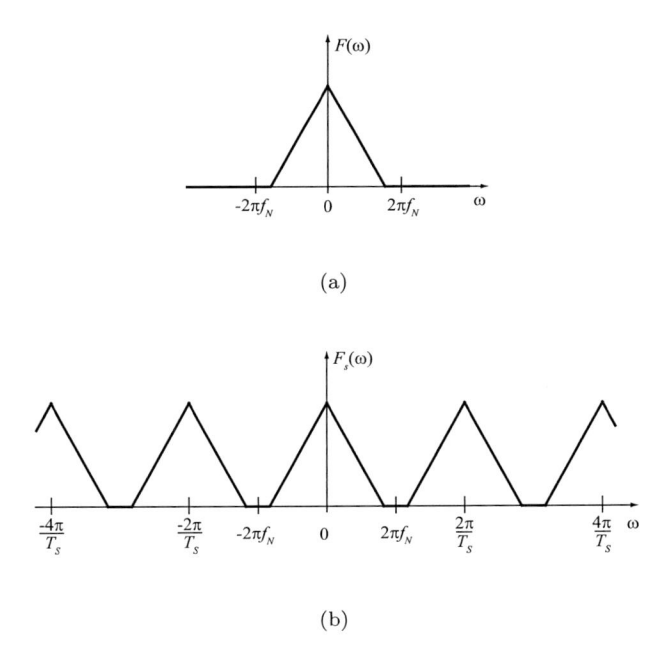

図 7.4　信号 $f(t)$ がナイキスト周波数 f_N より高い周波数成分を含まない場合の (a) 信号 $f(t)$ と (b) 標本値列 $f_s(t)$ の周波数スペクトル

第 7 章　標本化定理

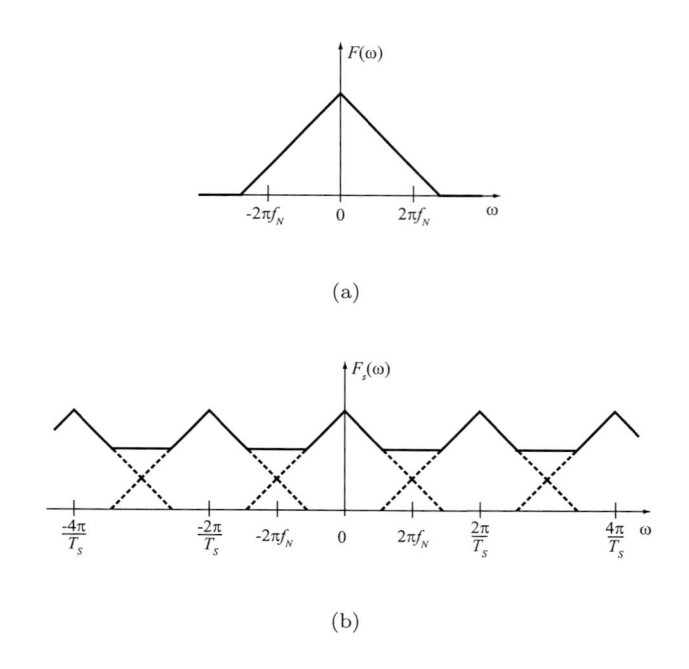

図 7.5　信号 $f(t)$ がナイキスト周波数 f_N より高い周波数成分を含む場合の (a) 信号 $f(t)$ と (b) 標本値列 $f_s(t)$ の周波数スペクトル

一方，信号 $f(t)$ がナイキスト周波数 f_N より高い周波数成分を含む場合 ($f_m > f_N$)，標本値列 $f_s(t)$ のフーリエ変換には $f(t)$ のフーリエ変換 $F(\omega)$ が角周波数 $\frac{2\pi}{T_s} = 4\pi f_N$ の間隔で周期的に現れるので，$2\pi f_N$ を超える角周波数成分 $\pm(2\pi f_N + \Delta\omega)$ に重なりが生ずる（図 7.5）．すなわち，信号 $f(t)$ に含まれる $2\pi f_N - \Delta\omega$ の成分に，$-(2\pi f_N + \Delta\omega)$ の成分が加えられたものとなる．この現象はエリアシング（aliasing）と呼ばれ，標本値列 $f_s(t)$ のスペクトルをフーリエ逆変換しても元の信号 $f(t)$ を復元することができない．

7.2 ナイキスト周波数とエリアシング

演習問題

[演習 7.1] サンプリング時刻 $t_n = \dfrac{n}{2f_m}$ $(n = 0, \pm 1, \pm 2, \cdots)$ において，式 (7.5) で表される $f(t)$ の値が標本値 $f(t_n)$ に一致することを確かめよ．

[演習 7.2] デルタ関数列 $\delta_T(t) = \displaystyle\sum_{n=-\infty}^{\infty} \delta(t - nT_s)$ のフーリエ変換が $\dfrac{2\pi}{T_s} \displaystyle\sum_{n=-\infty}^{\infty} \delta\left(\omega - \dfrac{2n\pi}{T_s}\right)$ となることを示せ．

[演習 7.3] 周波数 f の正弦波 $\cos 2\pi f t$ を原信号として，これを一定の時間間隔 $T_s = \dfrac{1}{2f_N}$ でサンプリングすることを考える．原信号の周波数 f が $f = f_N - f_0$ と $f = f_N + f_0$ の場合で標本値が同一になることを示せ．ただし，$0 < f_0 < f_N$ とする．

第 8 章
離散フーリエ変換

 連続時間関数の周波数解析にはフーリエ変換が用いられる．連続的な周期信号をサンプリングすると離散的な周期信号列が得られる．本章では，有限個の信号列に対する周波数解析法である離散フーリエ変換を説明する．

8.1 離散周期信号

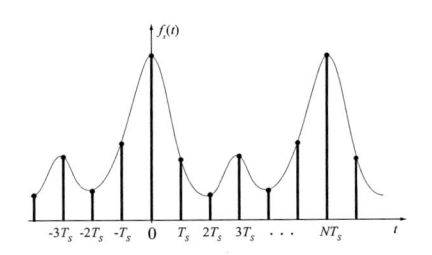

図 **8.1** 離散的な周期信号列

 連続的な時間関数である周期信号 $f(t)$ を一定の時間間隔でサンプリングすると，離散的な周期信号列 $f_s(t)$ が得られる（図 8.1）．元の信号 $f(t)$ の周期 T を N 等分してサンプリング周期 T_s とする．時刻 nT_s （$n =$

$0, 1, 2, \cdots, N-1)$ において $f(t)$ をサンプリングして得られる標本値 $f(nT_s)$ $(n = 0, 1, 2, \cdots, N-1)$ を用いて次の信号 $f_s(t)$ を考える．

$$f_s(t) = \sum_{n=0}^{N-1} T_s f(t) \delta(t - nT_s) = \sum_{n=0}^{N-1} T_s f(nT_s) \delta(t - nT_s) \quad (8.1)$$

$f_s(t)$ を周期 $T = NT_s$ の周期関数とみなして複素フーリエ級数で展開すると，フーリエ係数は次の式で与えられる．

$$c_k = \frac{1}{NT_s} \int_{-\epsilon}^{NT_s - \epsilon} f_s(t) \exp\left(-jk\frac{2\pi}{NT_s}t\right) dt \quad (k = 0, \pm 1, \pm 2, \cdots)$$

積分範囲は元の信号の任意の 1 周期 NT_s にとることができるので，デルタ関数が積分の上限や下限にかからないように微小量 ϵ だけ移動させている．この積分を実行すると，次の結果を得る．

$$\begin{aligned}
c_k &= \frac{1}{NT_s} \sum_{n=0}^{N-1} \int_{-\epsilon}^{NT_s - \epsilon} T_s f(t) \delta(t - nT_s) \exp\left(-jk\frac{2\pi}{NT_s}t\right) dt \\
&= \frac{1}{N} \sum_{n=0}^{N-1} f(nT_s) \exp\left(-j\frac{2\pi}{N}kn\right) \quad (8.2)
\end{aligned}$$

ここで，式 (8.2) において k を $k+N$ と置き換えると，次の関係式が成り立つ．

$$\begin{aligned}
c_{k+N} &= \frac{1}{N} \sum_{n=0}^{N-1} f(nT_s) \exp\left(-j\frac{2\pi}{N}(k+N)n\right) \\
&= \frac{1}{N} \sum_{n=0}^{N-1} f(nT_s) \exp\left(-j\frac{2\pi}{N}kn\right)
\end{aligned}$$

すなわち，$c_{k+N} = c_k$ となるので，式 (8.2) のフーリエ係数は N の周期性（periodicity）をもつことがわかる．

「連続的な周期信号（continuous periodic signal）」は，信号の周期 T によって定まる基本角周波数 $\dfrac{2\pi}{T}$ とその高調波の離散的な周波数スペクトル

をもつことをフーリエ級数で学んだ．一方，本章でこれまで述べたことは，「離散的な周期信号（discrete periodic signal）」は，周期性のある離散的なスペクトルをもつということを意味している．

　フーリエ級数によって元の信号を得るためには，周期的なスペクトルなので $k=0$ から $k=N-1$ まで加算すればよい（同じスペクトルの繰り返しなので，無限に加算すると結果は発散（divergence）する）．式 (8.2) のフーリエ係数をフーリエ級数展開の式に代入して，次の式が得られる．

$$f_s(t) = \sum_{k=0}^{N-1} c_k \exp\left(jk\frac{2\pi}{NT_s}t\right)$$

$$= \frac{1}{N}\sum_{k=0}^{N-1}\left\{\sum_{n=0}^{N-1} f(nT_s)\exp\left(-j\frac{2\pi}{N}kn\right)\right\}\exp\left(jk\frac{2\pi}{NT_s}t\right) \quad (8.3)$$

8.2　離散フーリエ変換の定義

　式 (8.3) において $t=nT_s$ とおくと，次の式を得る．

$$f(nT_s) = \frac{1}{N}\sum_{k=0}^{N-1}\left\{\sum_{n=0}^{N-1} f(nT_s)\exp\left(-jk\frac{2\pi}{N}n\right)\right\}\exp\left(jn\frac{2\pi}{N}k\right) \quad (8.4)$$

　ここで，離散フーリエ変換（discrete Fourier transform）は次式で定義される．

$$F(k) = \sum_{n=0}^{N-1} f(n)\exp\left(-jk\frac{2\pi}{N}n\right) \quad (8.5)$$

　ただし，本章においては，$f(nT_s)$ を単に $f(n)$ と記すことにする．また，式 (8.4) から，サンプリング時刻における値 $f(n)$ $(n=0,1,2,\cdots,N-1)$ は，$F(k)$ $(k=0,1,2,\cdots,N-1)$ を用いて次の式で求められる．

$$f(n) = \frac{1}{N}\sum_{k=0}^{N-1} F(k)\exp\left(jn\frac{2\pi}{N}k\right) \quad (8.6)$$

第 8 章 離散フーリエ変換

これを，離散フーリエ逆変換（inverse discrete Fourier transform）と呼ぶ．

複素平面（complex plane）上の単位円（unit circle）を N 分割した点（1 の原始 N 乗根）は，次の複素数で表される．

$$W_N = \exp\left(j\frac{2\pi}{N}\right) \tag{8.7}$$

この W_N を用いて，式 (8.5) の離散フーリエ変換，式 (8.6) の離散フーリエ逆変換を次の式で表すことにする．

$$\begin{aligned} F(k) &= \sum_{n=0}^{N-1} f(n) W_N^{-kn} \\ &= \sum_{n=0}^{N-1} f(n)(W_N^{kn})^* \quad (k=0,1,2,\cdots,N-1) \end{aligned} \tag{8.8}$$

$$f(n) = \frac{1}{N}\sum_{k=0}^{N-1} F(k) W_N^{nk} \quad (n=0,1,2,\cdots,N-1) \tag{8.9}$$

ここで，$(W_N^{kn})^*$ は W_N^{kn} の複素共役を意味する．

8.3 離散フーリエ変換の基本的性質

離散フーリエ変換の性質と，離散フーリエ変換を行う際に注意すべき事項を，次に述べる．なお，ここで考える離散信号列は，すべて N の周期性をもつものとする．また，N 個の離散信号 $f(n)$ $(n=0,1,2,\cdots,N-1)$ を表す場合に，$f(n)$ を $n=0,1,2,\cdots,N-1$ の順に並べて信号列 $\{f(n)\}$ と記す．すなわち，$\{f(n)\} = \{f(0), f(1), f(2), \cdots, f(N-1)\}$ である．同様に，信号列 $\{f(n)\}$ の離散フーリエ変換 $F(k)$ $(k=0,1,2,\cdots,N-1)$ を $\{F(k)\}$ と表記する．

8.3 離散フーリエ変換の基本的性質

(1) 線形性

二つの離散信号列 $\{f(n)\}, \{g(n)\}$ の離散フーリエ変換がそれぞれ $\{F(k)\}, \{G(k)\}$ で与えられるとき，離散信号列 $\{f(n)\}, \{g(n)\}$ の線形和からなる信号列 $\{\alpha_1 f(n) + \alpha_2 g(n)\}$ の離散フーリエ変換は $\alpha_1\{F(k)\} + \alpha_2\{G(k)\}$ となる．これは，離散フーリエ変換の定義式 (8.8) からただちに導かれる．

(2) 対称性

離散信号列 $\{f(n)\}$ の離散フーリエ変換が $\{F(k)\}$ のとき，式 (8.9) の離散フーリエ逆変換で n を $-n$ と書き換えると，次のようになる．

$$f(-n) = \frac{1}{N} \sum_{k=0}^{N-1} F(k) W_N^{-nk} \quad (n = 0, 1, 2, \cdots, N-1)$$

ここで，n と k を入れ換えると，

$$f(-k) = \frac{1}{N} \sum_{n=0}^{N-1} F(n) W_N^{-kn}$$

$$= \sum_{n=0}^{N-1} \frac{F(n)}{N} W_N^{-kn} \quad (k = 0, 1, 2, \cdots, N-1) \quad (8.10)$$

となる．すなわち，$\left\{\dfrac{F(n)}{N}\right\}$ の離散フーリエ変換は $\{f(-k)\}$ となる．

(3) 時間推移 (time shifting)

周期 NT_s の連続信号 $f(t)$ を m サンプリング間隔 mT_s だけ時間軸上で移動した信号を $g(t)$ とする（図 8.2）．すなわち，$g(t) = f(t - mT_s)$ であり，$f(t)$ をサンプリングして得られる信号列 $\{f(n)\}$ と $g(t)$ をサンプリングし

第 8 章　離散フーリエ変換

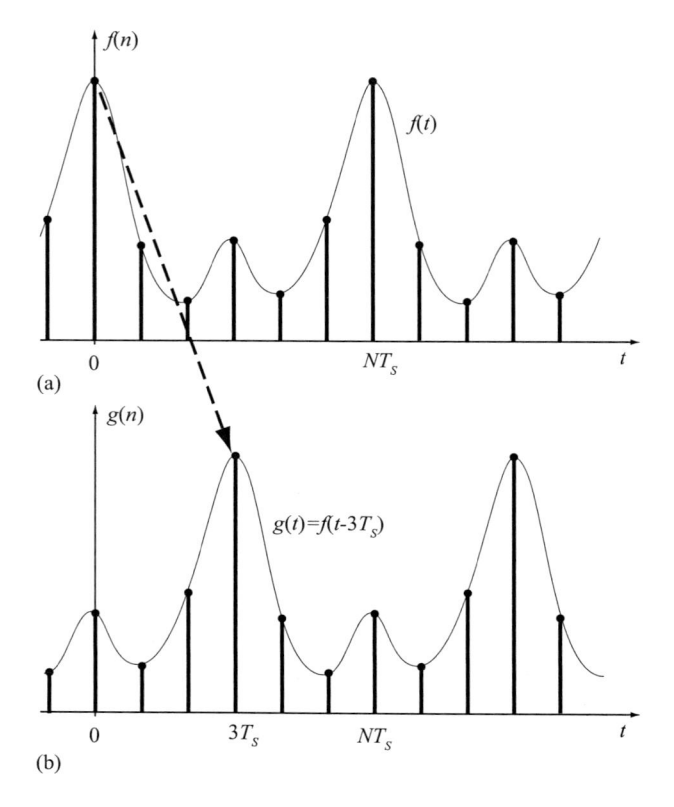

図 **8.2**　信号 $f(t)$ と $3T_s$ だけ時間軸上で移動した信号 $g(t)$ から生成される信号列 (a) $\{f(n)\}$ と (b) $\{g(n)\}$.

て得られる信号列 $\{g(n)\}$ の間には，次の関係がある．

$$\begin{aligned}&\{\ g(0), g(1), \cdots, g(m-1), g(m), g(m+1), \cdots, g(N-1)\} \\&= \{f(-m), f(1-m), \cdots, f(-1), f(0), f(1), \cdots, f(N-1-m)\} \\&= \{f(N-m), f(N-m+1), \cdots, f(N-1), f(0), f(1), \cdots, f(N-1-m)\}\end{aligned}$$
(8.11)

ここで，信号列には N の周期性があることを利用している．

このとき，$W_N = \exp\left(j\dfrac{2\pi}{N}\right)$ の周期性から，信号列 $\{g(n)\}$ の離散フーリエ変換は次のようになる．

$$\begin{aligned}
G(k) &= \sum_{n=0}^{N-1} g(n) W_N^{-kn} \\
&= f(N-m)W_N^{-0} + f(N-m+1)W_N^{-k} + \cdots + f(N-1)W_N^{-k(m-1)} \\
&\quad + f(0)W_N^{-km} + f(1)W_N^{-k(m+1)} + \cdots + f(N-1-m)W_N^{-k(N-1)} \\
&= \sum_{n=0}^{N-1} f(n) W_N^{-k(n+m)} = W_N^{-km} \sum_{n=0}^{N-1} f(n) W_N^{-kn}
\end{aligned}$$

この式から，$\{g(n)\}$ の離散フーリエ変換 $\{G(k)\}$ は，$\{f(n)\}$ の離散フーリエ変換 $F(k) = \displaystyle\sum_{n=0}^{N-1} f(n) W_N^{-kn}$ $(k=0,1,2,\cdots,N-1)$ と次の関係にあることがわかる．

$$G(k) = W_N^{-km} F(k) \qquad (k = 0, 1, 2, \cdots, N-1) \tag{8.12}$$

すなわち，信号列 $\{f(n)\}$ と，$\{f(n)\}$ を m だけシフトして循環させた信号列 $\{g(n)\}$ の離散フーリエ変換の間には，式 (8.12) の関係が成り立つ．

(4) 周波数推移（frequency shifting）

信号列 $\{f(n)\}$ の離散フーリエ変換を $\{F(k)\}$ とする．このとき，離散フーリエ変換の定義式 (8.8) において k を $k-m$ とおくと，次の関係が成り立つ．

$$F(k-m) = \sum_{n=0}^{N-1} f(n) W_N^{-(k-m)n} = \sum_{n=0}^{N-1} \{f(n) W_N^{mn}\} W_N^{-kn} \tag{8.13}$$

すなわち，$\{F(k)\}$ を周波数領域で m だけシフトした $\{F(k-m)\}$ の離散フーリエ逆変換は，$f(n) W_N^{mn}$ $(n = 0, 1, 2, \cdots, N-1)$ になる．

第 8 章　離散フーリエ変換

（5）信号列の偶奇性

　信号列 $\{f(n)\}$ の要素の間に $f(n) = f(-n)$ という関係が成り立つ場合，その信号列は偶関数であるという．偶関数信号列 $\{f_E(n)\}$ の離散フーリエ変換 $\{F_E(k)\}$ は，次のように表される．

$$\begin{aligned}
F_E(k) &= \sum_{n=0}^{N-1} f_E(n) \exp\left(-jk\frac{2\pi}{N}n\right) \\
&= \sum_{n=0}^{N-1} f_E(n) \cos\frac{2kn\pi}{N} - j\sum_{n=0}^{N-1} f_E(n) \sin\frac{2kn\pi}{N} \\
&= \sum_{n=0}^{N-1} f_E(n) \cos\frac{2kn\pi}{N} \quad (k=0,1,2,\cdots,N-1)
\end{aligned} \tag{8.14}$$

ここで，

$$\sum_{n=0}^{N-1} f_E(n) \sin\frac{2kn\pi}{N} = 0 \tag{8.15}$$

となる理由を説明する．

　信号列には N の周期性があるから $f_E(N-n) = f_E(-n)$ が成り立つ．さらに，偶関数であることから，

$$f_E(N-n) = f_E(-n) = f_E(n) \tag{8.16}$$

となる．N が偶数の場合と奇数の場合に分けて，式（8.15）の左辺の級数を考える．N が偶数の場合，式（8.15）の左辺は次のようになる．

$$\begin{aligned}
&\sum_{n=0}^{N-1} f_E(n) \sin\frac{2kn\pi}{N} \\
&= f_E(1)\sin\frac{2k\pi}{N} + \cdots + f_E\left(\frac{N}{2}-1\right)\sin\frac{2k\pi}{N}\left(\frac{N}{2}-1\right) \\
&\quad + f_E\left(\frac{N}{2}\right)\sin\frac{2k\pi}{N}\frac{N}{2} + f_E\left(\frac{N}{2}+1\right)\sin\frac{2k\pi}{N}\left(\frac{N}{2}+1\right) \\
&\quad + \cdots + f_E(N-1)\sin\frac{2k\pi}{N}(N-1)
\end{aligned} \tag{8.17}$$

$\sin\dfrac{2k\pi}{N}\dfrac{N}{2} = \sin k\pi = 0$ であるから $f_E\left(\frac{N}{2}\right)$ の項は 0 となる．また，式 (8.16) の関係を用いると，

$$f_E\left(\dfrac{N}{2}+1\right)\sin\dfrac{2k\pi}{N}\left(\dfrac{N}{2}+1\right) = f_E\left(N-\dfrac{N}{2}+1\right)\sin\left(k\pi+\dfrac{2k\pi}{N}\right)$$
$$= -f_E\left(\dfrac{N}{2}-1\right)\sin\left(k\pi-\dfrac{2k\pi}{N}\right) = -f_E\left(\dfrac{N}{2}-1\right)\sin\dfrac{2k\pi}{N}\left(\dfrac{N}{2}-1\right)$$

となるので，式 (8.17) において $f_E\left(\frac{N}{2}+1\right)$ の項と $f_E\left(\frac{N}{2}-1\right)$ の項が互いに打ち消す．同様のことを残りの項について行えば，式 (8.17) は 0 に等しくなることがわかる．すなわち，式 (8.15) が成り立つ．

N が奇数の場合には，式 (8.15) の左辺において，

$$f_E\left(\dfrac{N+1}{2}+i\right)\sin\dfrac{2\pi k}{N}\left(\dfrac{N+1}{2}+i\right)$$
$$= -f_E\left(\dfrac{N-1}{2}-i\right)\sin\dfrac{2k\pi}{N}\left(\dfrac{N-1}{2}-i\right)$$

が成り立つことから，$f_E\left(\frac{N+1}{2}+i\right)$ の項と $f_E\left(\frac{N-1}{2}-i\right)$ の項が互いに打ち消しあう．ここで，$i = 0, 1, \cdots, \frac{N-1}{2}-1$ である．すなわち，N が奇数の場合でも，式 (8.15) が成り立つ．

一方，信号列 $\{f(n)\}$ が奇関数の場合は，要素間に $f(n) = -f(-n)$ という関係が成り立つ．この結果，奇関数信号列 $\{f_O(n)\}$ の離散フーリエ変換 $\{F_O(k)\}$ は，

$$F_O(k) = \sum_{n=0}^{N-1} f_O(n)\exp\left(-jk\dfrac{2\pi}{N}n\right)$$
$$= \sum_{n=0}^{N-1} f_O(n)\cos\dfrac{2kn\pi}{N} - j\sum_{n=0}^{N-1} f_O(n)\sin\dfrac{2kn\pi}{N}$$
$$= -j\sum_{n=0}^{N-1} f_O(n)\sin\dfrac{2kn\pi}{N} \quad (k=0,1,2,\cdots,N-1) \quad (8.18)$$

となる．

第 8 章　離散フーリエ変換

式 (8.18) において

$$\sum_{n=0}^{N-1} f_O(n) \cos \frac{2kn\pi}{N} = 0 \tag{8.19}$$

が成り立つことは，偶関数 $\{f_E(n)\}$ に対して式 (8.15) が成り立つことを説明したのと同様の方法で説明できる．

任意の信号列 $\{f(n)\}$ は，次のようにして偶関数成分 $\{f_E(n)\}$ と奇関数成分 $\{f_O(n)\}$ の和に分解することができる．

$$f(n) = \frac{f(n)+f(-n)}{2} + \frac{f(n)-f(-n)}{2} = f_E(n) + f_O(n) \tag{8.20}$$

さらに，$\{f(n)\}$ には N の周期性があるので $f(-n) = f(N-n)$ が成り立ち

$$f_E(n) = \frac{f(n)+f(-n)}{2} = \frac{f(n)+f(N-n)}{2} \tag{8.21}$$

$$f_O(n) = \frac{f(n)-f(-n)}{2} = \frac{f(n)-f(N-n)}{2} \tag{8.22}$$

となる．

8.4　離散信号と帯域制限

離散的な信号列は，時間的に連続な信号 $f(t)$ をサンプリングして得られ，離散フーリエ変換によって周波数領域の関数に変換される．ここで，連続信号の周波数スペクトルとこれを時間軸上で離散化した信号列の周波数スペクトルの関係について考えてみる．

時間的に連続な関数の一部を切り出した信号 $f(t)$ のフーリエ変換 $F(\omega)$ と，$f(t)$ を一定の時間間隔 T_s でサンプリングして得られる離散的な信号列

$$f'_s(t) = \sum_{n=0}^{N-1} T_s f(nT_s) \delta(t - nT_s)$$

のフーリエ変換 $F'_s(\omega)$ の関係を考えてみる（ここでは $f(t)$ の周期性を仮定していないので，式 (8.1) で定義される $f_s(t)$ と区別して $f'_s(t)$ と記す）．$f'_s(t)$ のフーリエ変換 $F'_s(\omega)$ は，

$$F'_s(\omega) = \int_{-\infty}^{\infty} \sum_{n=0}^{N-1} T_s f(nT_s) \delta(t - nT_s) e^{-j\omega t} dt = \sum_{n=0}^{N-1} T_s f(nT_s) e^{-j\omega n T_s}$$

で表され，ω の連続関数となる．さらに 7.2 節で述べたように，$F'_s(\omega)$ は連続信号 $f(t)$ のフーリエ変換 $F(\omega)$（ω の連続関数）が角周波数 $\dfrac{2\pi}{T_s}$ の間隔で周期的に現れる形になる．

一方，フーリエ級数で学んだように，信号 $f(t)$ が周期 NT_s で繰り返されれば，その周波数スペクトルは離散的になる．このとき，対応する離散化信号は $f'_s(t)$ を周期 NT_s で繰り返した $f_s(t)$（式 (8.1) で定義）となり，$f_s(t)$ の時間領域での周期性からその周波数スペクトルは離散的になる．

ここで，標本化定理によると，信号 $f(t)$ の周波数帯域が f_m 以下に制限されていれば，$f(t)$ を時間間隔 $\dfrac{1}{2f_m}$ ごとにサンプリングして得られる離散的な信号から元の信号 $f(t)$ を復元することができる．すなわち，間隔 T_s でサンプリングして離散信号列 $\{f(n)\}$ を生成した場合，元の信号 $f(t)$ が $f_m = \dfrac{1}{2T_s}$ 以下の周波数成分しか含まない場合には，生成した離散信号列 $\{f(n)\}$ は元の信号 $f(t)$ を復元するのに十分なデータであるといえる．このとき，$\{f(n)\}$ を離散フーリエ変換して得られる離散的な周波数スペクトルは，元の信号 $f(t)$ の周波数スペクトル $F(\omega)$ に正確に対応している．

8.5　窓関数

ここまで述べてきた離散フーリエ変換は，連続的な周期信号を元の信号として，その周期を整数 N で除した T_s の一定間隔でサンプリングして得られる離散信号列を対象としている．この場合，離散フーリエ変換を行う前に

第 8 章 離散フーリエ変換

信号の周期がわかっていなくてはいけない．また，周期性のない信号を離散フーリエ変換処理することができないということになる．一般的には，あらかじめ周期的であるかどうかわからない信号や，その周期がわからない信号を扱うことが多い．また，任意の連続信号から適当な区間の信号を抜きとって処理できれば適用範囲が広がる．

このような場合，時間窓と呼ばれる窓関数（window function）を離散信号にかけて，信号の任意の区間を抜きとる．このとき，区間の両端でデータの値を等しくするとともに，急激な変化が生じないようにして抜きとることが重要である．よく用いられる窓関数を表 8.1 に示す．これらの窓関数は，いずれも窓区間で対称である．

表 **8.1** 時間窓と窓関数（サンプリング区間を $-\frac{T}{2} \leq t \leq \frac{T}{2}$ とする）

時間窓	窓関数
方形窓 (rectangular window)	$w(t) = 1$
ハン窓 (hann window)	$w(t) = 0.5 + 0.5 \cos\left(2\pi \frac{t}{T}\right)$
ハミング窓 (hamming window)	$w(t) = 0.54 + 0.46 \cos\left(2\pi \frac{t}{T}\right)$
ブラックマン窓 (Blackman window)	$w(t) = 0.42 + 0.5 \cos\left(2\pi \frac{t}{T}\right) + 0.08 \cos\left(4\pi \frac{t}{T}\right)$

演習問題

[演習 8.1] 次の関係式が成り立つことを示せ.
$$\sum_{k=0}^{N-1} \exp\left(jk\frac{2\pi}{N}(m-n)\right) = N\delta_{nm}$$
ここで,
$$\delta_{nm} = \begin{cases} 1 & (n=m) \\ 0 & (n \neq m) \end{cases}$$

[演習 8.2] $t = mT_s \ (m = 0, 1, 2, \cdots, N-1)$ において,式 (8.3) の右辺が $f(mT_s)$ となることを示せ.

[演習 8.3] 二つの離散信号列 $\{f_1(n)\}$,$\{f_2(n)\}$ に対して畳み込み演算を次の式で定義する.
$$g(n) = \sum_{j=0}^{N-1} f_1(j) f_2(n-j) \quad (n = 0, 1, 2, \cdots, N-1)$$

ただし,$\{f_1(n)\}, \{f_2(n)\}$ はいずれも N の周期性があるとする.このとき,畳み込み演算によって得られる信号列 $\{g(n)\}$ の離散フーリエ変換 $\{G(k)\}$ について,
$$G(k) = F_1(k) F_2(k)$$
が成り立つことを示せ.ただし,$\{F_1(k)\}, \{F_2(k)\}$ は,それぞれ $\{f_1(n)\}, \{f_2(n)\}$ の離散フーリエ変換である.

第 9 章
高速フーリエ変換

離散フーリエ変換・逆変換では，信号の値と周波数スペクトルの値がいずれも離散的なデータで与えられるので，ディジタル処理に適している．高速フーリエ変換は，対称性を用いて離散フーリエ変換の演算量を低減するアルゴリズムとして知られている．本章では，高速フーリエ変換の考え方を説明する．

9.1 離散フーリエ変換の行列表現

高速フーリエ変換（Fast Fourier Transform; FFT）のアルゴリズムを説明するために，第 8 章の式 (8.8)，(8.9) の離散フーリエ変換・逆変換の行列表現を導入する．

離散的な信号 $f(n)$ $(n = 0, 1, 2, \cdots, N-1)$ とその離散フーリエ変換 $F(k)$ $(k = 0, 1, 2, \cdots, N-1)$ を，それぞれ $f(n), F(k)$ を要素とするベクトル $\boldsymbol{f}, \boldsymbol{F}$ で表す．

$$\boldsymbol{f} = \begin{bmatrix} f(0) \\ f(1) \\ \vdots \\ f(N-1) \end{bmatrix} \tag{9.1}$$

第 9 章 高速フーリエ変換

$$\boldsymbol{F} = \begin{bmatrix} F(0) \\ F(1) \\ \vdots \\ F(N-1) \end{bmatrix} \tag{9.2}$$

さらに，次の $N \times N$ の行列 $\boldsymbol{M_N}$ を導入する．

$$\boldsymbol{M_N} = \begin{bmatrix} 1 & 1 & 1 & \cdots & 1 \\ 1 & W_N & W_N^2 & \cdots & W_N^{N-1} \\ 1 & W_N^2 & W_N^4 & \cdots & W_N^{2(N-1)} \\ \vdots & \vdots & \vdots & \vdots & \vdots \\ 1 & W_N^{N-1} & W_N^{2(N-1)} & \cdots & W_N^{(N-1)^2} \end{bmatrix} \tag{9.3}$$

これらを用いると，第 8 章の式 (8.8) の離散フーリエ変換は次の式で表される．

$$\boldsymbol{F} = \boldsymbol{M_N^*} \boldsymbol{f} \tag{9.4}$$

また，第 8 章の式 (8.9) の離散フーリエ逆変換は，次の式で表される．

$$\boldsymbol{f} = \frac{1}{N} \boldsymbol{M_N} \boldsymbol{F} \tag{9.5}$$

【例題 9.1】
周期関数 $f(t) = 1 + \sin \omega_0 t$ を，一定の時間間隔 $T_s = \dfrac{\pi}{2\omega_0}$ でサンプリングして得られる離散的な信号列 $\{f(n)\}$ の離散フーリエ変換を求めよ．ただし，サンプリング点は $t = 0$ を含むものとする．

［解答］
関数 $f(t)$ の周期は $\dfrac{2\pi}{\omega_0}$ であり，サンプリング間隔 $T_s = \dfrac{\pi}{2\omega_0}$ は $\frac{1}{4}$ 周期に相当する．すなわち，$N = 4$ であるから，第 8 章の式 (8.7) の W_N は次のようになる．

$$W_4 = \exp\left(j\frac{\pi}{2}\right) = j$$

この W_4 を用いると,式 (9.3) で定義される行列 M_4 は次のように定まる.

$$M_4 = \begin{bmatrix} 1 & 1 & 1 & 1 \\ 1 & j & -1 & -j \\ 1 & -1 & 1 & -1 \\ 1 & -j & -1 & j \end{bmatrix}$$

一方,$T_s = \dfrac{\pi}{2\omega_0}$ であるから,離散信号列 $\{f(n)\}$ の要素は,

$$f(n) = 1 + \sin\frac{n\pi}{2} \quad (n = 0, 1, 2, 3)$$

から $f(0) = 1,\ f(1) = 2,\ f(2) = 1,\ f(3) = 0$ となる.すなわち,式 (9.1) より,離散信号列を表すベクトル $\boldsymbol{f}$ は次のように定まる.

$$\boldsymbol{f} = \begin{bmatrix} 1 \\ 2 \\ 1 \\ 0 \end{bmatrix}$$

行列 M_4 と離散信号列ベクトル $\boldsymbol{f}$ を用いると,式 (9.4) によって離散フーリエ変換 $\boldsymbol{F}$ は次のように求まる.

$$\boldsymbol{F} = M_N^* \boldsymbol{f} = \begin{bmatrix} 1 & 1 & 1 & 1 \\ 1 & -j & -1 & j \\ 1 & -1 & 1 & -1 \\ 1 & j & -1 & -j \end{bmatrix} \begin{bmatrix} 1 \\ 2 \\ 1 \\ 0 \end{bmatrix} = \begin{bmatrix} 4 \\ -2j \\ 0 \\ 2j \end{bmatrix}$$

9.2 高速フーリエ変換の考え方

サンプリング数 N が 2 のべき乗 (power of two) であるとき,離散フーリエ変換・逆変換の計算量 (computational complexity) を減少させて,高速に変換処理する方法が考案されている.この方法は,高速フーリエ変換と呼ばれている.

第 9 章 高速フーリエ変換

式 (9.4) で表わされる離散フーリエ変換を考える．N を偶数と仮定し，$K = \frac{N}{2}$ とする．N 個の離散的な信号 $f(n)$ $(n = 0, 1, 2, \cdots, N-1)$ を成分とする N 次元ベクトル $\boldsymbol{f}$ の第 i 成分を，i が偶数（0 も含める）か奇数かに応じて次のように $\boldsymbol{f_E}$ と $\boldsymbol{f_O}$ の 2 つのベクトルに分割する．ただし，$f(0)$ を第 0 成分と考える．

$$\boldsymbol{f_E} = \begin{bmatrix} f(0) \\ f(2) \\ \vdots \\ f(N-2) \end{bmatrix}, \quad \boldsymbol{f_O} = \begin{bmatrix} f(1) \\ f(3) \\ \vdots \\ f(N-1) \end{bmatrix} \tag{9.6}$$

$\boldsymbol{f_E}$ と $\boldsymbol{f_O}$ の第 i 成分をそれぞれ $f_E(i)$ と $f_O(i)$ と書くことにすれば，第 8 章の式 (8.8) の右辺の級数は，次のように $f_E(i)$ と $f_O(i)$ の成分に分けて表すことができる．

$$\begin{aligned} F(k) &= \sum_{n=0}^{N-1} (W_N^{kn})^* f(n) \\ &= \sum_{i=0}^{K-1} (W_N^{k2i})^* f(2i) + \sum_{i=0}^{K-1} (W_N^{k(2i+1)})^* f(2i+1) \\ &= \sum_{i=0}^{K-1} (W_N^{*2})^{ki} f_E(i) + W_N^{*k} \sum_{i=0}^{K-1} (W_N^{*2})^{ki} f_O(i) \end{aligned} \tag{9.7}$$

ベクトル $\boldsymbol{F}$ を，第 0 成分から第 $(K-1)$ 成分の上半分と第 K 成分から第 $(N-1)$ 成分の下半分に分割して，次のようにベクトル $\boldsymbol{F_U}$ と $\boldsymbol{F_L}$ を定める．

$$\boldsymbol{F_U} = \begin{bmatrix} F(0) \\ F(1) \\ \vdots \\ F(K-1) \end{bmatrix}, \quad \boldsymbol{F_L} = \begin{bmatrix} F(K) \\ F(K+1) \\ \vdots \\ F(N-1) \end{bmatrix} \tag{9.8}$$

式 (9.7) から，$\boldsymbol{F_U}$ および $\boldsymbol{F_L}$ の第 k 成分 $F_U(k), F_L(k)$ $(k =$

9.2 高速フーリエ変換の考え方

$0, 1, 2, \cdots, K-1$) は，それぞれ次のように表される．

$$F_U(k) = \sum_{i=0}^{K-1} (W_N^{*2})^{ki} f_E(i) + W_N^{*k} \sum_{i=0}^{K-1} (W_N^{*2})^{ki} f_O(i) \tag{9.9}$$

$$F_L(k) = \sum_{i=0}^{K-1} (W_N^{*2})^{(K+k)i} f_E(i) + W_N^{*(K+k)} \sum_{i=0}^{K-1} (W_N^{*2})^{(K+k)i} f_O(i)$$

$$= \sum_{i=0}^{K-1} (W_N^{*2})^{ki} f_E(i) - W_N^{*k} \sum_{i=0}^{K-1} (W_N^{*2})^{ki} f_O(i) \tag{9.10}$$

ただし，$K = \frac{N}{2}$ であるから，$W_N^{*K} = -1, W_N^{*2K} = 1$ となることを用いている．

式 (9.3) と同様に，$K \times K$ 行列 $\boldsymbol{M_K}$ を次のように定める．

$$\boldsymbol{M_K} = \begin{bmatrix} 1 & 1 & 1 & \cdots & 1 \\ 1 & W_N^2 & W_N^4 & \cdots & W_N^{2(K-1)} \\ 1 & W_N^4 & W_N^8 & \cdots & W_N^{4(K-1)} \\ \vdots & \vdots & \vdots & \vdots & \vdots \\ 1 & W_N^{2(K-1)} & W_N^{4(K-1)} & \cdots & W_N^{2(K-1)^2} \end{bmatrix} \tag{9.11}$$

また，$1, W_N^*, W_N^{*2}, \cdots, W_N^{*K-1}$ を対角成分とする $K \times K$ 対角行列 $\boldsymbol{D_K}$ を次のように定める．

$$\boldsymbol{D_K} = \begin{bmatrix} 1 & 0 & 0 & \cdots & 0 \\ 0 & W_N^* & 0 & \cdots & 0 \\ 0 & 0 & W_N^{*2} & \cdots & 0 \\ & & & \ddots & \vdots \\ 0 & 0 & 0 & \cdots & W_N^{*K-1} \end{bmatrix} \tag{9.12}$$

式 (9.9), (9.10) から，$\boldsymbol{F_U}$ および $\boldsymbol{F_L}$ は，行列 $\boldsymbol{M_K}$ および $\boldsymbol{D_K}$ を用いて次のように表すことができる．

$$\boldsymbol{F_U} = \boldsymbol{M_K^*} \boldsymbol{f_E} + \boldsymbol{D_K} \boldsymbol{M_K^*} \boldsymbol{f_O} \tag{9.13}$$

$$\boldsymbol{F_L} = \boldsymbol{M_K^*} \boldsymbol{f_E} - \boldsymbol{D_K} \boldsymbol{M_K^*} \boldsymbol{f_O} \tag{9.14}$$

第 9 章 高速フーリエ変換

式 (9.13) および (9.14) をまとめると，f の離散フーリエ変換 F は次の行列表現で表される．

$$F = \begin{bmatrix} F_U \\ F_L \end{bmatrix} = \begin{bmatrix} M_K^* & D_K M_K^* \\ M_K^* & -D_K M_K^* \end{bmatrix} \begin{bmatrix} f_E \\ f_O \end{bmatrix}$$
$$= \begin{bmatrix} I_K & D_K \\ I_K & -D_K \end{bmatrix} \begin{bmatrix} M_K^* & 0 \\ 0 & M_K^* \end{bmatrix} \begin{bmatrix} f_E \\ f_O \end{bmatrix} \quad (9.15)$$

ただし，I_K は $K \times K$ 単位行列を表す．

N 個の離散的な信号 f の離散フーリエ変換 F は，式 (9.4) のように $N \times N$ 行列 M_N を用いて $M_N^* f$ で表されていた．ところが，信号の個数 N が偶数の場合には $\frac{N}{2} \times \frac{N}{2}$ 行列 M_K，D_K や，$\frac{N}{2}$ 次元のベクトル f_E, f_O を用いて，$M_K^* f_E$ と $D_K M_K^* f_O$ で表せるということが，式 (9.13)，(9.14) からわかる．すなわち，離散フーリエ変換を実行するために扱う行列のサイズが $\frac{1}{2} \times \frac{1}{2}$ になり，これによって計算量が低減される．

さらに，$K = \frac{N}{2}$ が偶数であれば，$M_K^* f_E$ や $D_K M_K^* f_O$ の計算にも同様の手順を適用することができ，サイズが $\frac{N}{4} \times \frac{N}{4}$ の行列，次元が $\frac{N}{4}$ のベクトルを用いて離散フーリエ変換を表すことができるようになる．N が 2 のべき乗 2^G のとき，この手順を $(G-1)$ 段繰り返すことによって，最終的に 2×2 行列と 2 次元のベクトルの積に帰着される．サイズの小さい行列やベクトルの積の積み重ね（和）によって計算することで，計算量を効率的に低減することができる．このようにして高速に離散フーリエ変換を処理するアルゴリズムが，高速フーリエ変換である．

また，第 8 章の式 (8.6) と式 (8.5) からわかるように，離散フーリエ逆変換の計算処理は離散フーリエ変換と同様である．すなわち，FFT のアルゴリズムが離散フーリエ逆変換にも適用できる．

9.3 離散フーリエ変換の演算量

離散フーリエ変換処理に要する演算量を，FFTアルゴリズムを用いた場合と直接離散フーリエ変換を行った場合で比較してみる．データ数を $N = 2^G$ として，必要な複素乗算と複素加算の回数を考える．

前節で述べたFFTのアルゴリズムは，時間間引き（decimation-in-time）と呼ばれるFFTアルゴリズムである．このアルゴリズムにおける複素乗算回数 M_F と複素加算回数 A_F は，それぞれ，

$$M_F = \frac{N}{2}(\log_2 N - 1) \tag{9.16}$$

$$A_F = N \log_2 N \tag{9.17}$$

であり，直接離散フーリエ変換を行った場合の複素乗算回数 M_D と複素加算回数 A_D は，それぞれ，

$$M_D = N^2 \tag{9.18}$$

$$A_D = N(N-1) \tag{9.19}$$

であることが知られている．

例えば，$N = 2^{10}$ の場合，FFTアルゴリズムと直接離散フーリエ変換で複素乗算回数の比をとると，

$$\frac{M_F}{M_D} = \frac{\frac{N}{2}(\log_2 N - 1)}{N^2} = \frac{\log_2 N - 1}{2N} = \frac{10 - 1}{2^{11}} \approx \frac{1}{225}$$

であり，複素加算回数の比は，

$$\frac{A_F}{A_D} = \frac{N \log_2 N}{N(N-1)} = \frac{\log_2 N}{N - 1} = \frac{10}{2^{10} - 1} \approx \frac{1}{102}$$

第 9 章　高速フーリエ変換

になる．データ数 N が大きくなればなるほど，直接離散フーリエ変換に比べて FFT アルゴリズムによる演算回数の低減効果が大きいということがわかる．

さらに，システムの応答は畳み込み演算によって求まるが，FFT アルゴリズムは離散信号列の畳み込み演算の計算量低減に効果がある．このことを，次の循環畳み込み演算（cyclic convolution）を例にとって考えてみる．

二つの離散信号列 $\{h(n)\}$ と $\{f(n)\}$ に対して，循環畳み込み演算は次の式で定義される．

$$g(n) = \sum_{j=0}^{N-1} h(j)f(n-j) \quad (n = 0, 1, 2, \cdots, N-1) \tag{9.20}$$

ただし，$\{h(n)\}$ と $\{f(n)\}$ はいずれも N の周期性がある．式 (9.20) に従って畳み込み演算を行い $\{g(n)\}$ を計算すると，N^2 回の複素乗算と $N(N-1)$ 回の複素加算が必要になる．

これに対して，畳み込み演算を次の手順で実行することを考える．

(i) FFT によって $\{h(n)\}$ と $\{f(n)\}$ の離散フーリエ変換 $\{H(k)\}, \{F(k)\}$ を求める．

(ii) $\{g(n)\}$ の離散フーリエ変換 $\{G(k)\}$ を $G(k) = H(k)F(k)$ で計算する．

(iii) $\{G(k)\}$ の離散フーリエ逆変換を FFT アルゴリズムを用いて計算し，$\{g(n)\}$ を求める．

この手順には，(i) と (iii) で計 3 回の FFT アルゴリズムの実行と (ii) で N 回の複素乗算が含まれるので，全体で $\frac{N}{2}(3\log_2 N - 1)$ 回の複素乗算と $3N\log_2 N$ 回の複素加算が必要となる．式 (9.20) から直接 $\{g(n)\}$ を求める場合と比べて，次のように計算量が少なくてすむことがわかる．

$$\text{複素乗算回数の比}: \frac{3\log_2 N - 1}{2N}$$

$$\text{複素加算回数の比}: \frac{3\log_2 N}{N - 1}$$

データ数 N が大きいほどこの比が小さくなり，畳み込み演算を直接実行するより，FFT アルゴリズムを用いた離散フーリエ変換・逆変換の手順を踏む間接的方法の方が，必要な計算量が大幅に少なくてすむということがわかる．

第 9 章 高速フーリエ変換

演習問題

[演習 9.1] 式 (9.3) で定義される行列 M_N に対して，次の関係が成り立つことを示せ．

$$\frac{1}{N} M_N M_N^* = I_N$$

ただし，M_N^* は M_N の複素共役を表し，I_N は $N \times N$ の単位行列である．

[演習 9.2] 周期関数 $f(t) = 1 + 2\cos\omega_0 t$ を，一定の間隔 $T_s = \dfrac{\pi}{2\omega_0}$ でサンプリングして得られる離散的な信号列 $\{f(n)\}$ の離散フーリエ変換を求めよ．ただし，サンプリング点は $t = 0$ を含むものとする．

[演習 9.3] 前問 9.2 で考えた信号列 $\{f(n)\}$ とその離散フーリエ変換 $\{F(k)\}$ に対して，$\{F(k-m)\}$ の離散フーリエ逆変換が $f(n)W_4^{mn}$ となることを確かめよ．

第10章
ラプラス変換の基礎

ラプラス変換は，過渡応答の解析に有効な手法である．本章では，区間 $0 < t < \infty$ で定義される関数のラプラス変換の基礎を説明する．フーリエ変換と異なり，ラプラス変換では複素変数 s の取り方に自由度があり，絶対可積分でない多くの関数に対しても変換を定義することができる．

10.1 ラプラス変換の定義

フーリエ変換では，関数 $f(t)$ に $e^{-j\omega t}$ をかけて，$-\infty < t < \infty$ の範囲で積分した．

$$F(\omega) = \int_{-\infty}^{\infty} f(t) e^{-j\omega t} dt$$

変数 t の変化にともなう $f(t)$ の振る舞い，特に $t \to \pm\infty$ における $f(t)$ の振る舞いによっては，この積分が収束しない場合もある．その場合には，フーリエ変換 $F(\omega)$ が存在しない．

これに対して，関数 $f(t)$ に $e^{-j\omega t}$ の代わりに $e^{-(\sigma+j\omega)t}$ をかけて $0 < t < \infty$ で積分して得られる関数を，ラプラス変換 (Laplace transform) と呼ぶ．このとき，σ は積分が収束するように適当に選ぶ．

$0 < t < \infty$ で定義された関数 $f(t)$ が $t \to \infty$ で発散すると，フーリエ積分 $F(\omega) = \int_{-\infty}^{\infty} f(t) e^{-j\omega t} dt$ は計算できない．これに対して，$0 < t < \infty$ 以

第 10 章 ラプラス変換の基礎

外では $f(t) = 0$ とし，$f(t)$ に $e^{-j\omega t}$ の代わりに $e^{-(\sigma+j\omega)t}$ をかけて，

$$F'(\omega) = \int_0^\infty f(t)e^{-\sigma t}e^{-j\omega t}dt \tag{10.1}$$

を計算することを考える．σ を適当に選べばこの積分は存在し，$F'(\omega)$ を計算することができる．このような変換では，変換可能な関数の範囲がフーリエ変換に比べて広がっていることがわかる．

あらためて $s = \sigma + j\omega$ とおき，ラプラス変換・逆変換を次のように定義する．

$$\text{ラプラス変換}: F(s) = \int_0^\infty f(t)e^{-st}dt \tag{10.2}$$

$$\text{ラプラス逆変換}: f(t) = \frac{1}{j2\pi}\int_{\sigma-j\infty}^{\sigma+j\infty} F(s)e^{st}ds \quad (t > 0) \tag{10.3}$$

ここで，関数 $f(t)$ のラプラス変換の積分（式 (10.2)）が収束する範囲に対して複素変数 s が定義されていると考えることができる．ラプラス変換が存在する，すなわち式 (10.2) が収束する s の領域を収束領域（convergence region）と呼ぶ．

ラプラス逆変換（inverse Laplace transform）の式 (10.3) に現れる積分はブロムウィッチ積分（Bromwich integral）という．この積分は，複素平面上の変数 s の積分であり，留数定理[*1]（residue theorem）によって計算することができる．なお，後の章で述べるように，多くの場合，原関数とラプラス変換の対応表を用いてラプラス逆変換を行う．この場合，次に説明する留数定理による逆変換の計算は不要である．

一般に，関数 $f(t)$ のラプラス変換 $F(s)$ は複素関数（function of complex variable）であり，特異点（singularity）s_i $(i = 1, 2, 3, \cdots)$ をもち，特異点以外の点では正則（holomorphic）である．複素関数 e^{st} は s 平面上で正則なので，$F(s)e^{st}$ の特異点は $F(s)$ の特異点と一致する．

[*1] 留数定理については複素関数（たとえば参考文献 [1] 第 2 章）を参照のこと．

10.1 ラプラス変換の定義

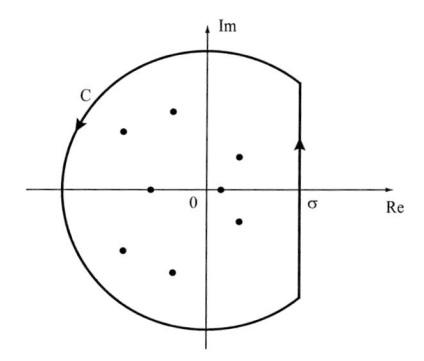

図 10.1 複素積分経路 C．円弧の半径を無限大にしたときの直線部分がブロムウィッチ積分路になる．

式 (10.3) の積分範囲は，複素平面で実軸上 σ の点を通り実軸に直交する無限直線 $(\sigma - j\infty < s < \sigma + j\infty)$ である．また，σ は全ての特異点の実数部よりも大きい．このとき，図 10.1 に示すように無限直線の一部とその端点を結ぶ円弧からなる閉曲線 C を考える．円弧の半径は，平曲線 C の中に $F(s)e^{st}$ の全ての特異点が含まれるように十分大きくとると，閉曲線 C に沿った複素関数 $F(s)e^{st}$ の積分は，留数定理によって次のようになる．

$$\frac{1}{j2\pi}\int_C F(s)e^{st}ds = \sum_i \text{Res}[F(s)e^{st}, s_i] \qquad (10.4)$$

ここで，$\text{Res}[F(s)e^{st}, s_i]$ は，特異点 s_i における留数（residue）を表す．$\sum_i \text{Res}[F(s)e^{st}, s_i]$ は全ての特異点についての留数の和をとることを意味し，

$$\sum_i \text{Res}[F(s)e^{st}, s_i] = \sum_i \text{Res}[F(s), s_i]e^{s_i t}$$

となる．

積分路 C を形成する円弧の半径を十分に大きくとれば，式 (10.4) の円弧

上の積分は 0 になるので，

$$f(t) = \frac{1}{j2\pi} \int_{\sigma-j\infty}^{\sigma+j\infty} F(s)e^{st}ds = \sum_i \text{Res}[F(s), s_i]e^{s_i t} \qquad (10.5)$$

が得られる．

10.2　代表的な関数のラプラス変換

いくつかの代表的な関数について，ラプラス変換を求める．

(1) 階段関数
次の式で定義される関数を階段関数（step function）と呼ぶ（図 10.2）．

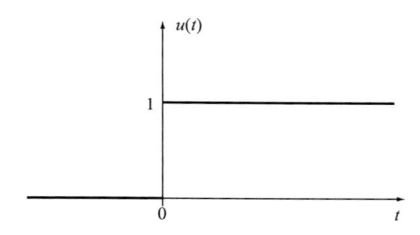

図 **10.2**　階段関数

$$u(t) = \begin{cases} 1 & (t > 0) \\ 0 & (t < 0) \end{cases} \qquad (10.6)$$

ラプラス変換の定義式（10.2）にしたがって，この関数のラプラス変換を求めてみる．

$$F(s) = \int_0^\infty u(t)e^{-st}dt = \int_0^\infty e^{-st}dt = \left[\frac{e^{-(\sigma+j\omega)t}}{-s}\right]_0^\infty$$

10.2 代表的な関数のラプラス変換

ここで σ として，$\sigma > 0$ なる適当な実数を選べば上式の積分が収束し，階段関数のラプラス変換として次の結果が得られる．

$$F(s) = \frac{1}{s} \tag{10.7}$$

以降，σ は積分が収束する適当な値を選ぶこととして，いちいち収束領域を断らないことにする．

(2) デルタ関数

デルタ関数 $\delta(t)$ （図 10.3）のラプラス変換を求めてみる．

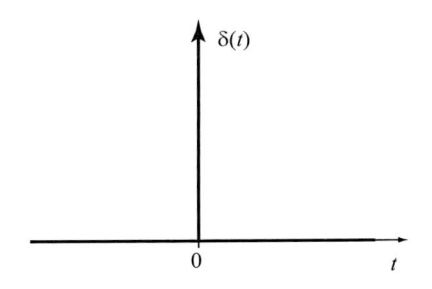

図 **10.3** デルタ関数

ラプラス変換の定義式（10.2）の $f(t)$ に $\delta(t)$ を代入し，デルタ関数の性質（第 4 章の式（4.13））を用いると，次のようにラプラス変換が求まる．

$$F(s) = \int_0^\infty \delta(t) e^{-st} dt = 1 \tag{10.8}$$

(3) 指数関数

次の指数関数のラプラス変換を求める．

$$f(t) = \begin{cases} e^{-\alpha t} & (t > 0) \\ 0 & (t < 0) \end{cases} \tag{10.9}$$

第 10 章　ラプラス変換の基礎

ラプラス変換の定義式より，

$$F(s) = \int_0^\infty f(t)e^{-st}dt = \int_0^\infty e^{-\alpha t}e^{-st}dt$$
$$= \left[\frac{e^{-(s+\alpha)t}}{-(s+\alpha)}\right]_0^\infty = \frac{1}{s+\alpha} \tag{10.10}$$

と求まる．

　ここまで述べた関数も含めて，基本的な関数のラプラス変換を表 10.1 にまとめて記す．なお，ラプラス変換を定義する式（10.2）の積分範囲が $0 < t < \infty$ であり，$t < 0$ における関数の値はどうでもよい．

　本書では，ラプラス変換の対象とする関数は，いちいち断らなくても $t < 0$ で，関数値が 0 であるとして扱う．

表 10.1　基本的な関数のラプラス変換

原関数		ラプラス変換
階段関数	$u(t)$	$\dfrac{1}{s}$
デルタ関数	$\delta(t)$	1
指数関数	$e^{-\alpha t}$	$\dfrac{1}{s+\alpha}$
べき乗（the n-th power of t）	t^n（n は自然数）	$\dfrac{n!}{s^{n+1}}$
正弦関数	$\sin \omega t$	$\dfrac{\omega}{s^2+\omega^2}$
余弦関数	$\cos \omega t$	$\dfrac{s}{s^2+\omega^2}$

10.3 t^a のラプラス変換

n が自然数のとき, t^n のラプラス変換は $\dfrac{n!}{s^{n+1}}$ である．これに対して，-1 より大きい実数 a を指数とする t^a のラプラス変換を考える．

まず，次の式で定義されるガンマ関数（Gamma function）$\Gamma(\mu)$ を導入する．

$$\Gamma(\mu) = \int_0^\infty e^{-x} x^{\mu-1} dx \tag{10.11}$$

ここで，$\mu > 0$ である．ガンマ関数には次の性質がある．

まず，$\Gamma(\mu + 1)$ について部分積分を行うと，

$$\begin{aligned}\Gamma(\mu+1) &= \int_0^\infty e^{-x} x^\mu dx \\ &= \left[-e^{-x} x^\mu\right]_0^\infty + \mu \int_0^\infty e^{-x} x^{\mu-1} dx \\ &= \mu \Gamma(\mu)\end{aligned} \tag{10.12}$$

となる．$\mu = 1$ のとき，

$$\Gamma(1) = \int_0^\infty e^{-x} dx = 1$$

であるから，μ が正の整数 n のとき，

$$\Gamma(n+1) = n! \tag{10.13}$$

である．

次に，$\mu = \frac{1}{2}$ のとき，式 (10.11) で $x = y^2$ と変数変換すれば

$$\begin{aligned}\Gamma\left(\frac{1}{2}\right) &= \int_0^\infty e^{-x} x^{-\frac{1}{2}} dx \\ &= \int_0^\infty e^{-y^2} y^{-1} 2y\, dy = 2\int_0^\infty e^{-y^2} dy = \sqrt{\pi}\end{aligned} \tag{10.14}$$

第 10 章　ラプラス変換の基礎

となる．

これらのガンマ関数の性質を用いると，t^a（a は実数）のラプラス変換は次のように求まる．

$$\int_0^\infty t^a e^{-st} dt = \int_0^\infty \left(\frac{x}{s}\right)^a e^{-x} \frac{dx}{s}$$
$$= \frac{1}{s^{a+1}} \int_0^\infty x^a e^{-x} dx = \frac{\Gamma(a+1)}{s^{a+1}} \quad (10.15)$$

ただし，ガンマ関数の定義から $a > -1$ である．正の整数 n について式 (10.13) が成り立つことから，t^n のラプラス変換が $\dfrac{n!}{s^{n+1}}$ となるのは式 (10.15) の特別の場合といえる．

さらに，$a = -\frac{1}{2}$ のとき，

$$\int_0^\infty \frac{1}{\sqrt{t}} e^{-st} dt = \frac{\Gamma\left(\frac{1}{2}\right)}{\sqrt{s}} = \sqrt{\frac{\pi}{s}} \quad (10.16)$$

となる．

演習問題

[演習 10.1] 次の関数のラプラス変換を求めよ．

(1) $f(t) = t^n$ (n は自然数)

(2) $f(t) = \sin \omega t$

(3) $f(t) = \cos \omega t$

(4) $f(t) = \sinh \alpha t$

(5) $f(t) = \cosh \alpha t$

[演習 10.2] ガンマ関数を用いて次の関数のラプラス変換を求めよ．

(1) $f(t) = t^{\frac{1}{2}}$

(2) $f(t) = t^{\frac{3}{2}}$

第 11 章
ラプラス変換の性質

本章では，ラプラス変換の基本的な性質を説明する．これらはラプラス変換を使う上で有用であり，微分方程式を解く際によく用いられる．時間関数をラプラス変換する場合にとどまらず，ラプラス逆変換によって時間関数を導き出す場合にも有用である．

11.1 ラプラス変換の基本的性質

本書では，特に断らない限りラプラス変換する時間関数を小文字で表し，そのラプラス変換は大文字で表すことにする．すなわち，関数 $f(t)$ のラプラス変換を $F(s)$ と記す．また，演算記号 $\mathcal{L}[\ ]$ でラプラス変換の操作を表すことにして，関数 $f(t)$ のラプラス変換が $F(s)$ であることを

$$F(s) = \mathcal{L}[f(t)]$$

と表すことにする．

さらに，$F(s)$ からそのラプラス逆変換 $f(t)$ を求める演算を記号 $\mathcal{L}^{-1}[\ ]$ を用いて，次のように表す．

$$\mathcal{L}^{-1}[F(s)] = f(t)$$

ラプラス変換では次の関係（性質）が成り立つ．

第 11 章　ラプラス変換の性質

（1）線形性

関数 $f_1(t), f_2(t)$ のラプラス変換を，それぞれ $F_1(s), F_2(s)$ とする．$f_1(t)$ と $f_2(t)$ に，それぞれ定数 α_1, α_2 をかけて加え合わせた関数 $\alpha_1 f_1(t) + \alpha_2 f_2(t)$ のラプラス変換は，次のように求まる．

$$\begin{aligned}
\mathcal{L}[\alpha_1 f_1(t) + \alpha_2 f_2(t)] &= \int_0^\infty (\alpha_1 f_1(t) + \alpha_2 f_2(t)) e^{-st} dt \\
&= \alpha_1 \int_0^\infty f_1(t) e^{-st} dt + \alpha_2 \int_0^\infty f_2(t) e^{-st} dt \\
&= \alpha_1 F_1(s) + \alpha_2 F_2(s) \qquad (11.1)
\end{aligned}$$

（2）原関数の移動

関数 $f(t)$ の時間原点を a（ただし $a > 0$）だけ右方向に移動した関数 $f(t-a)$ のラプラス変換は，$f(t)$ のラプラス変換 $F(s)$ を用いて次のように表される．

$$\begin{aligned}
\mathcal{L}[f(t-a)] &= \int_0^\infty f(t-a) e^{-st} dt \\
&= \int_{-a}^\infty f(t') e^{-s(t'+a)} dt' \\
&= e^{-as} \int_0^\infty f(t') e^{-st'} dt' = e^{-as} F(s) \qquad (11.2)
\end{aligned}$$

（3）像関数の移動

関数 $f(t)$ に指数関数 e^{at} をかけた関数 $e^{at} f(t)$ をラプラス変換すると，次のようになる．

$$\begin{aligned}
\mathcal{L}[e^{at} f(t)] &= \int_0^\infty e^{at} f(t) e^{-st} dt \\
&= \int_0^\infty f(t) e^{-(s-a)t} dt = F(s-a) \qquad (11.3)
\end{aligned}$$

ここで，$F(s)$ は $f(t)$ のラプラス変換である．式 (11.3) は，関数 $f(t)$ のラプラス変換 $F(s)$ を s 平面上で定数 a だけ移動した関数 $F(s-a)$ のラプ

ラス逆変換が $e^{at}f(t)$ になることを表しており,ラプラス逆変換でよく用いられる.

(4) 時間軸の拡大

関数 $f(t)$ の時間軸を A 倍した関数 $f(At)$ のラプラス変換は,$f(t)$ のラプラス変換 $F(s)$ を用いて次のように表される.ただし,$A>0$ である.

$$\mathcal{L}[f(At)] = \int_0^\infty f(At)e^{-st}dt = \frac{1}{A}\int_0^\infty f(t')e^{-s\left(\frac{t'}{A}\right)}dt'$$
$$= \frac{1}{A}\int_0^\infty f(t')e^{-\left(\frac{s}{A}\right)t'}dt' = \frac{1}{A}F\left(\frac{s}{A}\right) \quad (11.4)$$

(5) 時間微分

関数 $f(t)$ を変数 t で 1 回微分した関数 $f'(t)$ のラプラス変換は,$f(t)$ のラプラス変換 $F(s)$ を用いて次のように表される.

$$\mathcal{L}[f'(t)] = \int_0^\infty f'(t)e^{-st}dt$$
$$= \left[f(t)e^{-st}\right]_0^\infty + s\int_0^\infty f(t)e^{-st}dt$$
$$= sF(s) - f(0) \quad (11.5)$$

ここで,$f(t)e^{-st}|_{t=\infty}=0$ としている.また,$f(0)$ は $t=0$ における $f(t)$ の値を表し,微分方程式を解くときに用いる初期値にあたる.

さらに,式 (11.5) を導出したのと同様に,$f(t)$ の n 階微分 $f^{(n)}(t)$ のラ

第 11 章　ラプラス変換の性質

プラス変換は，次のようになる．

$$\mathcal{L}[f^{(n)}(t)] = \int_0^\infty f^{(n)}(t)e^{-st}dt = \left[f^{(n-1)}(t)e^{-st}\right]_0^\infty + s\int_0^\infty f^{(n-1)}(t)e^{-st}dt$$

$$= s\int_0^\infty f^{(n-1)}(t)e^{-st}dt - f^{(n-1)}(0)$$

$$= \cdots$$

$$= s^n \int_0^\infty f(t)e^{-st}dt - \left(s^{n-1}f(0) + \cdots + sf^{(n-2)}(0) + f^{(n-1)}(0)\right)$$

$$= s^n F(s) - \left(s^{n-1}f(0) + \cdots + sf^{(n-2)}(0) + f^{(n-1)}(0)\right) \quad (11.6)$$

【例題 11.1】
ラプラス変換の性質を用いて，図 11.1 (a), (b) で表される次の関数 $f(t), g(t)$ のラプラス変換 $F(s), G(s)$ を求めよ．

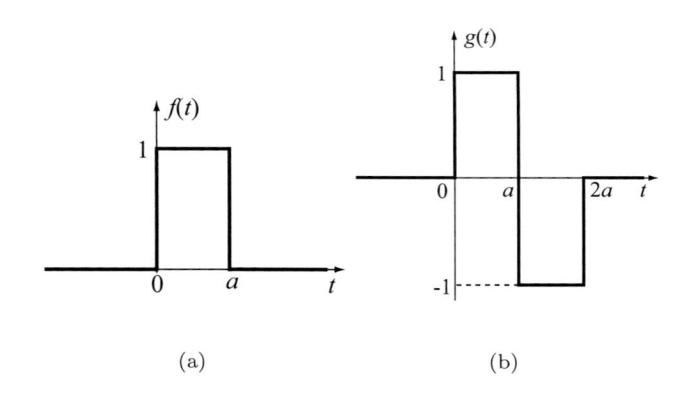

図 11.1　矩形波

(a)　$f(t) = \begin{cases} 1 & (0 < t < a) \\ 0 & (t < 0, a < t) \end{cases}$

(b) $g(t) = \begin{cases} 1 & (0 < t < a) \\ -1 & (a < t < 2a) \\ 0 & (t < 0, 2a < t) \end{cases}$

[解答]
(a) 関数 $f(t)$ は，階段関数 $u(t)$ と階段関数の時間原点を a だけ移動した関数 $u(t-a)$ を用いて $f(t) = u(t) - u(t-a)$ と表される．

$$\mathcal{L}[u(t)] = \frac{1}{s}$$

であり，ラプラス変換の性質 $\mathcal{L}[f(t-a)] = e^{-as}\mathcal{L}[f(t)]$ を用いると

$$\mathcal{L}[u(t-a)] = \frac{e^{-as}}{s}$$

であるから，$f(t)$ のラプラス変換は次のように求まる．

$$F(s) = \frac{1}{s} - \frac{e^{-as}}{s} = \frac{1 - e^{-as}}{s}$$

(b) 関数 $g(t)$ は $g(t) = f(t) - f(t-a)$ と表されるから，(a) の結果を用いて次のように求まる．

$$G(s) = \frac{1 - e^{-as}}{s} - \frac{1 - e^{-as}}{s}e^{-as} = \frac{(1 - e^{-as})^2}{s}$$

【例題 11.2】
ラプラス変換の性質を用いて次の関数のラプラス変換を求めよ．

$$f(t) = \begin{cases} te^{at} & (t > 0) \\ 0 & (t < 0) \end{cases}$$

[解答]

$g(t) = t \ (t > 0)$ のラプラス変換は，$G(s) = \dfrac{1}{s^2}$ である．これに性質 (3) 像関数の移動 $\mathcal{L}[e^{at}g(t)] = G(s-a)$ を用いれば，

$$\mathcal{L}[te^{at}] = \frac{1}{(s-a)^2}$$

11.2　畳み込み関数とラプラス変換

関数 $f_1(t), f_2(t)$ に対して畳み込み関数は次の式で定義される．

$$f_1 * f_2 = \int_{-\infty}^{\infty} f_1(\tau) f_2(t-\tau) d\tau \tag{11.7}$$

この関数のラプラス変換を考える．ラプラス変換の定義に式（11.7）を代入し，変数変換すると次式を得る．

$$\begin{aligned}
\mathcal{L}\left[\int_{-\infty}^{\infty} f_1(\tau) f_2(t-\tau) d\tau\right] &= \int_0^{\infty} \int_{-\infty}^{\infty} f_1(\tau) f_2(t-\tau) d\tau e^{-st} dt \\
&= \int_0^{\infty} f_1(\tau) \int_{-\infty}^{\infty} f_2(t') e^{-s(t'+\tau)} dt' d\tau \\
&= \int_0^{\infty} f_1(\tau) e^{-s\tau} d\tau \int_{-\infty}^{\infty} f_2(t') e^{-st'} dt'
\end{aligned}$$

ラプラス変換では関数 $f_1(t), f_2(t)$ は $t < 0$ においていずれも関数値を 0 と考えることに注意すると，上式は次のようになる．

$$\mathcal{L}[f_1 * f_2] = \int_0^{\infty} f_1(\tau) e^{-s\tau} d\tau \int_0^{\infty} f_2(t') e^{-st'} dt' = F_1(s) F_2(s) \tag{11.8}$$

すなわち，式（11.7）で定義される畳み込み関数 $f_1 * f_2$ のラプラス変換は，$f_1(t), f_2(t)$ のラプラス変換 $F_1(s), F_2(s)$ の積で与えられる．

11.2 畳み込み関数とラプラス変換

次に，畳み込み関数とそのラプラス変換の関係式（11.8）を利用して，次の積分方程式（integral equation）を満足する関数 $f(t)$ を求めるという問題を考えてみる．

$$f(t) = \int_0^t f(t-\tau)\sin\tau\, d\tau + 2t \tag{11.9}$$

ラプラス変換では，$t<0$ で関数値は 0 であると考えるので，$f_1(t) = \sin t$ と $f_2(t) = f(t)$ の畳み込み関数は次のようになる．

$$f_1 * f_2 = \int_{-\infty}^{\infty} f(t-\tau)\sin\tau\, d\tau = \int_0^t f(t-\tau)\sin\tau\, d\tau$$

$f(t)$ のラプラス変換を $F(s)$ とおき，式（11.8）の関係と $\mathcal{L}[\sin t] = \dfrac{1}{s^2+1}$，$\mathcal{L}[t] = \dfrac{1}{s^2}$ を用いて，問題の方程式（11.9）の両辺をラプラス変換する．

$$F(s) = \frac{F(s)}{s^2+1} + \frac{2}{s^2}$$

$F(s)$ についてまとめると次の式を得る．

$$F(s) = \frac{2}{s^4} + \frac{2}{s^2}$$

両辺をラプラス逆変換すれば，式（11.9）の方程式を満足する関数 $f(t)$ が次のように求まる．

$$f(t) = \frac{t^3}{3} + 2t \tag{11.10}$$

【例題 11.3】
次の $f_1(t), f_2(t)$ の畳み込み関数について，式（11.8）の関係が成り立つことを示せ．

$$f_1(t) = f_2(t) = \begin{cases} 1 & (0 < t < a) \\ 0 & (t < 0, a < t) \end{cases}$$

第 11 章　ラプラス変換の性質

［解答］
$f_1(t), f_2(t)$ の畳み込み関数は次の式で与えられる．

$$f_1 * f_2 = \begin{cases} 2a - t & a < t < 2a \\ t & 0 < t < a \\ 0 & t < 0, 2a < t \end{cases}$$

これをラプラス変換すると次の結果を得る．

$$\begin{aligned}\mathcal{L}[f_1 * f_2] &= \int_0^a t e^{-st} dt + \int_a^{2a} (2a-t) e^{-st} dt \\ &= \left[\frac{te^{-st}}{-s}\right]_0^a + \int_0^a \frac{e^{-st}}{s} dt + \left[\frac{(2a-t)e^{-st}}{-s}\right]_a^{2a} - \int_a^{2a} \frac{e^{-st}}{s} dt \\ &= -\left[\frac{e^{-st}}{s^2}\right]_0^a + \left[\frac{e^{-st}}{s^2}\right]_a^{2a} = \frac{1 - 2e^{-as} + e^{-2as}}{s^2} = \frac{(1-e^{-as})^2}{s^2}\end{aligned}$$

一方，例題 11.1 (a) より，

$$F_1(s) = F_2(s) = \frac{1 - e^{-as}}{s}$$

であるから，確かに次の関係式 (11.8) が成り立つ．

$$F_1(s) F_2(s) = \mathcal{L}[f_1 * f_2]$$

【例題 11.4】
畳み込み関数のラプラス変換を用いて，次のラプラス逆変換を求めよ．
ただし，$\omega \neq 0$ とする．

$$\frac{s}{(s^2 + \omega^2)^2}$$

［解答］
与式を次のように変形すれば，$\cos \omega t$ と $\sin \omega t$ の畳み込み関数で表される．

$$\mathcal{L}^{-1}\left[\frac{s}{(s^2+\omega^2)^2}\right] = \mathcal{L}^{-1}\left[\frac{1}{\omega} \frac{s}{s^2+\omega^2} \frac{\omega}{s^2+\omega^2}\right] = \frac{1}{\omega} \cos \omega t * \sin \omega t$$

11.2 畳み込み関数とラプラス変換

したがって，次のようにラプラス逆変換が求まる．

$$\begin{aligned}
\frac{1}{\omega}\cos\omega t * \sin\omega t &= \frac{1}{\omega}\int_0^t \cos\omega\tau \sin\omega(t-\tau)d\tau \\
&= \frac{1}{2\omega}\int_0^t \{\sin\omega t - \sin(2\omega\tau - \omega t)\}d\tau \\
&= \frac{1}{2\omega}\left[(\sin\omega t)\tau + \frac{\cos(2\omega\tau - \omega t)}{2\omega}\right]_0^t = \frac{1}{2\omega}t\sin\omega t
\end{aligned}$$

第 11 章　ラプラス変換の性質

演習問題

[演習 11.1] 関数 $f(t)$ の時間積分 $g(t) = \int_0^t f(\tau)d\tau$ のラプラス変換が次のようになることを示せ．

$$\mathcal{L}[g(t)] = \frac{\mathcal{L}[f(t)]}{s} + \frac{g(0)}{s}$$

[演習 11.2] 関数 $f(t)$ のラプラス変換が $F(s)$ のとき，$tf(t)$ のラプラス変換が次のようになることを示せ．

$$\mathcal{L}[tf(t)] = -\frac{dF(s)}{ds}$$

[演習 11.3] 関数 $f(t)$ のラプラス変換が $F(s)$ のとき，次の関係が成り立つことを示せ．

$$\mathcal{L}\left[\frac{f(t)}{t}\right] = \int_s^\infty F(s)ds$$

第 12 章
ラプラス変換の常微分方程式解法への応用

物理現象の多くは微分方程式で記述することができるので，物理現象を解析するということは，数学的には微分方程式を解くという問題に帰着される．本章では，ラプラス変換を用いた定係数微分方程式 (differential equation with constant coefficients) の解法について説明する．ラプラス変換は，関数の微分を変数の乗法に変換するので，微分方程式を容易に解くために有効な手法である．

12.1　微分方程式解法の流れ

次の線形常微分方程式 (linear ordinary differential equation) を考え，ラプラス変換を用いてこれを解くことを考える．

$$\frac{d^n}{dt^n}y(t) + a_{n-1}\frac{d^{n-1}}{dt^{n-1}}y(t) + \cdots + a_1\frac{d}{dt}y(t) + a_0 y(t) = f(t) \quad (12.1)$$

ここで，係数 a_i $(i = 0, 1, 2, \cdots, n-1)$ は全て定数である．初期値として $y(0), y'(0), y''(0), \cdots, y^{(n-2)}(0), y^{(n-1)}(0)$ が与えられていて，$t > 0$ の範囲で式 (12.1) の微分方程式の解 $y(t)$ を求めるものとする．

第 12 章 ラプラス変換の常微分方程式解法への応用

まず，$y(t)$ および $f(t)$ のラプラス変換を，それぞれ $Y(s) = \mathcal{L}[y(t)], F(s) = \mathcal{L}[f(t)]$ として，式（12.1）の両辺をラプラス変換する．$y(t)$ の導関数のラプラス変換が式（11.6）で与えられることを用いると，次の式を得る．

$$
\begin{aligned}
&s^n Y(s) - \left(s^{n-1}y(0) + s^{n-2}y'(0) + s^{n-3}y''(0)\right.\\
&\qquad\qquad\left. + \cdots + sy^{(n-2)}(0) + y^{(n-1)}(0)\right)\\
&+ a_{n-1}(s^{n-1}Y(s) - (s^{n-2}y(0) + s^{n-3}y'(0) + s^{n-4}y''(0)\\
&\qquad\qquad + \cdots + sy^{(n-3)}(0) + y^{(n-2)}(0)))\\
&+ \cdots + a_1\left(sY(s) - y(0)\right) + a_0 Y(s) = F(s)
\end{aligned}
$$

これを整理すると，

$$
\begin{aligned}
&s^n Y(s) + a_{n-1}s^{n-1}Y(s) + a_{n-2}s^{n-2}Y(s) + \cdots + a_1 sY(s) + a_0 Y(s)\\
&= F(s) + y(0)(s^{n-1} + a_{n-1}s^{n-2} + \cdots + a_1)\\
&\quad + y'(0)(s^{n-2} + a_{n-1}s^{n-3} + \cdots + a_2) + \cdots + y^{(n-1)}(0)
\end{aligned}
\tag{12.2}
$$

となる．左辺を，

$$
\begin{aligned}
&s^n Y(s) + a_{n-1}s^{n-1}Y(s) + a_{n-2}s^{n-2}Y(s) + \cdots + a_1 sY(s) + a_0 Y(s)\\
&= (s^n + a_{n-1}s^{n-1} + a_{n-2}s^{n-2} + \cdots + a_1 s + a_0)Y(s) = P(s)Y(s)
\end{aligned}
$$

と整理すると，式（12.2）は，

$$
\begin{aligned}
Y(s) &= \frac{F(s)}{P(s)} + \frac{s^{n-1} + a_{n-1}s^{n-2} + \cdots + a_1}{P(s)} y(0)\\
&\quad + \frac{s^{n-2} + a_{n-1}s^{n-3} + \cdots + a_2}{P(s)} y'(0) + \cdots + \frac{1}{P(s)} y^{(n-1)}(0)
\end{aligned}
\tag{12.3}
$$

となる．

最後に，式（12.3）をラプラス逆変換すると，微分方程式の解 $y(t)$ が得られる．なお，初期値は，与えられた微分方程式をラプラス変換する段階で取り込まれることに注意してほしい．

12.2　部分分数分解とラプラス逆変換

　第 10 章で述べたように，ラプラス逆変換は留数定理を用いて式 (10.3) の積分を計算して求めることができる．しかし，実際にはそのような手順を踏まず，原関数とそのラプラス変換の対応関係（たとえば表 10.1）を用いて，ラプラス逆変換を求めることが多い．この場合，式 (12.3) にみられるように，分母 (denominator)，分子 (numerator) が s の多項式 (polynomial) からなる分数を扱うことになる．これをラプラス逆変換しやすい形にするために，分母，分子が s の多項式からなる分数を適当な形に分解する部分分数分解 (partial fraction decomposition) を行う．ここで，部分分数に分解する方法を説明する．

　まず，$P(s), Q(s)$ を s の多項式として，

$$Y(s) = \frac{Q(s)}{P(s)}$$

は既約分数 (irreducible fraction) であるとする．既約分数でない場合には，分子を分母で除することで既約分数に変形する．また，$P(s)$ は s の最高次数 n の多項式であるとする．$P(s) = 0$ の根が，(i) すべて単根 (simple root) の場合と (ii) 重根 (multiple root) を含む場合で扱いが異なるが，$Y(s)$ は次のようにして部分分数に分解することができる．

(1) $P(s) = 0$ の根 $s_1, s_2, \cdots, s_n$ がすべて単根の場合
　この場合，$P(s)$ は次のように因数分解 (factorization) される．

$$P(s) = (s - s_1)(s - s_2) \cdots (s - s_n) \qquad (12.4)$$

　$Y(s)$ の分母が，式 (12.4) のようにすべて s の 1 次の因数 (factor) で因数分解されるので，$Y(s)$ は $P(s)$ の各因数を分母とする次の形に部分分数分

解される.
$$Y(s) = \frac{\alpha_1}{s-s_1} + \frac{\alpha_2}{s-s_2} + \cdots + \frac{\alpha_n}{s-s_n} \tag{12.5}$$

ここで，α_i $(i=1,2,3,\cdots,n)$ は定数である.

式 (12.5) の両辺に $(s-s_i)$ をかけると，

$$(s-s_i)Y(s) = \alpha_i + \left(\frac{\alpha_1}{s-s_1} + \frac{\alpha_2}{s-s_2} + \cdots \right.$$
$$\left. + \frac{\alpha_{i-1}}{s-s_{i-1}} + \frac{\alpha_{i+1}}{s-s_{i+1}} + \cdots + \frac{\alpha_n}{s-s_n} \right)(s-s_i)$$

となる．この式で $s=s_i$ とおけば，

$$\alpha_i = (s-s_i)Y(s)|_{s=s_i} \tag{12.6}$$

によって定数 α_i $(i=1,2,3,\cdots,n)$ が求まる.

式 (12.5) の右辺の各項は，

$$\mathcal{L}^{-1}\left[\frac{\alpha_i}{s-s_i} \right] = \alpha_i e^{s_i t}$$

とラプラス逆変換できるから，式 (12.5) は次のように逆変換される.

$$y(t) = \alpha_1 e^{s_1 t} + \alpha_2 e^{s_2 t} + \cdots + \alpha_n e^{s_n t}$$

(2) $P(s)=0$ の根のうち s_1 が r 重根の場合

この場合，$P(s)$ は次のように因数分解される.

$$P(s) = (s-s_1)^r (s-s_2) \cdots (s-s_{n-r+1}) \tag{12.7}$$

ここで，$(s-s_1)^r$ 以外の s の 1 次の因数については，(1) の場合と同様に s の 1 次式として $Y(s)$ の部分分数に現れる．一方，$(s-s_1)^r$ からは，$s-s_1$ の 1 次から r 次の項が生成され，$Y(s)$ の部分分数に現れる．すなわ

12.2 部分分数分解とラプラス逆変換

ち，$Y(s)$ は次のように部分分数に分解される．

$$Y(s) = \left\{ \frac{\alpha_{1,1}}{s-s_1} + \frac{\alpha_{1,2}}{(s-s_1)^2} + \cdots + \frac{\alpha_{1,r}}{(s-s_1)^r} \right\}$$
$$+ \frac{\alpha_2}{s-s_2} + \cdots + \frac{\alpha_{n-r+1}}{s-s_{n-r+1}} \qquad (12.8)$$

ここで，定数 $\alpha_2, \alpha_3, \cdots, \alpha_{n-r+1}$ は (1) で述べた方法に従って式 (12.6) により求まる．また，定数 $\alpha_{1,1}, \alpha_{1,2}, \cdots, \alpha_{1,r}$ は，次の式によって求まる．

$$\alpha_{1,i} = \frac{1}{(r-i)!} \frac{d^{r-i}}{ds^{r-i}} (s-s_1)^r Y(s) \bigg|_{s=s_1} \qquad (i=1,2,3,\cdots,r) \quad (12.9)$$

定数 $\alpha_{1,i}$ が式 (12.9) で求まる理由は，次のようにして説明される．

まず，式 (12.8) の両辺に $(s-s_1)^r$ をかけると，次の式が得られる．

$$(s-s_1)^r Y(s)$$
$$= (s-s_1)^{r-1} \alpha_{1,1} + (s-s_1)^{r-2} \alpha_{1,2} + \cdots + (s-s_1)^{r-i} \alpha_{1,i} + \cdots$$
$$+ \alpha_{1,r} + (s-s_1)^r \left\{ \frac{\alpha_2}{s-s_2} + \cdots + \frac{\alpha_{n-r+1}}{s-s_{n-r+1}} \right\} \qquad (12.10)$$

この式で $s=s_1$ とおくと，分子に因数 $(s-s_1)$ をもつ項はすべて 0 になるので，$\alpha_{1,r}$ は次の式で求まる．

$$\alpha_{1,r} = (s-s_1)^r Y(s) \big|_{s=s_1}$$

次に，$\alpha_{1,r}$ 以外の $\alpha_{1,i}$ は，次のようにして求めることができる．式 (12.10) の両辺を $(r-i)$ 回微分すると，

$$\frac{d^{r-i}}{ds^{r-i}} (s-s_1)^r Y(s)$$
$$= (r-1)(r-2) \cdots i (s-s_1)^{i-1} \alpha_{1,1} + \cdots$$
$$+ (r-i)! \alpha_{1,i} + \frac{d^{r-i}}{ds^{r-i}} \left\{ (s-s_1)^r \left(\frac{\alpha_2}{s-s_2} + \cdots + \frac{\alpha_{n-r+1}}{s-s_{n-r+1}} \right) \right\}$$
$$\qquad (12.11)$$

第12章 ラプラス変換の常微分方程式解法への応用

となる．ここで $(s-s_1)^r \left(\dfrac{\alpha_2}{s-s_2} + \cdots + \dfrac{\alpha_{n-r+1}}{s-s_{n-r+1}} \right)$ を $(r-i)$ 回微分 $(i<r)$ しても，すべての項の分子に因数 $(s-s_1)$ が残る．したがって，$\dfrac{d^{r-i}}{ds^{r-i}} \left\{ (s-s_1)^r \left(\dfrac{\alpha_2}{s-s_2} + \cdots + \dfrac{\alpha_{n-r+1}}{s-s_{n-r+1}} \right) \right\}$ で $s=s_1$ とおけば 0 となる．また，式 (12.11) において，$\alpha_{1,i}$ 以外の項にも因数 $(s-s_1)$ が残るので，$s=s_1$ とおけば $\alpha_{1,i}$ 以外の項はすべて 0 となり，

$$\left. \frac{d^{r-i}}{ds^{r-i}} (s-s_1)^r Y(s) \right|_{s=s_1} = (r-i)! \alpha_{1,i}$$

となる．すなわち，$\alpha_{1,i}$ は式 (12.9) で求められることがわかる．

式 (12.8) のように部分分数に分解した後に，ラプラス変換 $\mathcal{L}\left[\dfrac{t^{n-1}}{(n-1)!} e^{at} \right] = \dfrac{1}{(s-a)^n}$ を利用すれば，各項ごとにラプラス逆変換ができ，$y(t)$ が求まる．

【例題 12.1】

次の $F(s)$ をラプラス逆変換しやすいように部分分数に分解し，ラプラス逆変換を求めよ．

(a) $F(s) = \dfrac{1}{s^2 - 5s + 6}$

(b) $F(s) = \dfrac{s}{(s-2)^2}$

(c) $F(s) = \dfrac{1}{s^2 + 2s + 2}$

［解答］

(a) 分母を因数分解すれば，$F(s)$ は次のように部分分数に分解できる．

$$F(s) = \frac{1}{s^2 - 5s + 6} = \frac{1}{(s-3)(s-2)} = \frac{\alpha_1}{s-3} + \frac{\alpha_2}{s-2}$$

12.2 部分分数分解とラプラス逆変換

ここで,係数 α_1, α_2 は式 (12.6) に従って次のように求められる.

$$\alpha_1 = (s-3)F(s)\Big|_{s=3} = \frac{1}{s-2}\Big|_{s=3} = 1$$

$$\alpha_2 = (s-2)F(s)\Big|_{s=2} = \frac{1}{s-3}\Big|_{s=2} = -1$$

したがって,与式は次のように部分分数に分解される.

$$F(s) = \frac{1}{s-3} - \frac{1}{s-2}$$

また,このラプラス逆変換は次のように求まる.

$$f(t) = e^{3t} - e^{2t}$$

(b) 分母 $=0$ の根 $s=2$ は二重根であるので,$F(s)$ は次のように部分分数に分解できる.

$$F(s) = \frac{\alpha_{1,1}}{s-2} + \frac{\alpha_{1,2}}{(s-2)^2}$$

ここで,係数 $\alpha_{1,1}, \alpha_{1,2}$ は式 (12.9) に従って次のように求められる.

$$\alpha_{1,2} = \frac{1}{0!}(s-2)^2 F(s)\Big|_{s=2} = 2$$

$$\alpha_{1,1} = \frac{1}{(2-1)!}\frac{d}{ds}(s-2)^2 F(s)\Big|_{s=2} = \frac{d}{ds}s\Big|_{s=2} = 1$$

したがって,与式は次のように部分分数に分解される.

$$F(s) = \frac{1}{s-2} + \frac{2}{(s-2)^2}$$

また,このラプラス逆変換は,次のように求まる.

$$f(t) = e^{2t} + 2te^{2t} = (2t+1)e^{2t}$$

(c) 分母 $=0$ の根が $s=-1\pm j$ であることから，$F(s)$ を次のように部分分数に分解する

$$F(s) = \frac{1}{s^2+2s+2} = \frac{\alpha_1}{s+1-j} + \frac{\alpha_2}{s+1+j}$$

ここで，

$$\alpha_1 = (s+1-j)F(s)\Big|_{s=-1+j} = -\frac{j}{2}$$

$$\alpha_2 = (s+1+j)F(s)\Big|_{s=-1-j} = \frac{j}{2}$$

であるから，

$$F(s) = \frac{j}{2}\left(\frac{1}{s+1+j} - \frac{1}{s+1-j}\right)$$

このラプラス逆変換は，次のように求まる．

$$f(t) = \frac{j}{2}(e^{-(1+j)t} - e^{-(1-j)t}) = \frac{j}{2}e^{-t}(e^{-jt} - e^{jt}) = e^{-t}\sin t$$

なお，この問題は，

$$F(s) = \frac{1}{(s+1)^2+1}$$

と変形すれば，$\mathcal{L}^{-1}\left[\frac{1}{s^2+1}\right] = \sin t$ とラプラス変換の性質 $\mathcal{L}^{-1}[F(s+1)] = e^{-t}f(t)$ を用いて，容易に次のラプラス逆変換を求めることもできる．

$$\mathcal{L}^{-1}\left[\frac{1}{(s+1)^2+1}\right] = e^{-t}\sin t$$

12.3 微分方程式の解法への応用

ラプラス変換を用いて定係数線形常微分方程式 (linear ordinary differential equation with constant coefficients) を解く方法を理解するために，次の例題で微分方程式を実際に解いてみる．

12.3 微分方程式の解法への応用

【例題 12.2】
次の微分方程式の解 $y(t)$ を，初期条件（initial condition）$y(0) = 2$ のもとで求めよ．

$$\frac{dy(t)}{dt} + y(t) = 0 \tag{12.12}$$

[解答]
まず，与えられた微分方程式の両辺をラプラス変換する．このとき，$y(t)$ のラプラス変換を $Y(s)$ とおく．

$$sY(s) - 2 + Y(s) = 0$$

ただし，式 (11.5) より，$\frac{dy}{dt}$ のラプラス変換が $sY(s) - y(0) = sY(s) - 2$ であることを用いて，初期条件を取り込んでいる．この式を $Y(s)$ について整理すると，次の式を得る．

$$Y(s) = \frac{2}{s+1}$$

これをラプラス逆変換すれば，与えられた微分方程式 (12.12) の解として，次の $y(t)$ が得られる．

$$y(t) = 2e^{-t}$$

この解が，初期条件 $y(0) = 2$ と与えられた微分方程式を満足することは，すぐに確かめられる．

【例題 12.3】
前の例題は，斉次微分方程式 (homogeneous differential equation) を解く問題であった．非斉次の微分方程式 (inhomogeneous differential equation) の例として次の微分方程式の解 $y(t)$ を，初期条件 $y(0) = c$ のもとで求めよ．
ただし，$k \neq a$ とする．

$$\frac{dy(t)}{dt} - ky(t) = e^{at} \tag{12.13}$$

147

第 12 章 ラプラス変換の常微分方程式解法への応用

［解答］
$y(t)$ のラプラス変換を $Y(s)$ として，与えられた微分方程式の両辺をラプラス変換すると次の式を得る．

$$sY(s) - c - kY(s) = \frac{1}{s-a}$$

すなわち，次のように整理される．

$$Y(s) = \frac{1}{(s-k)(s-a)} + \frac{c}{s-k}$$

この後でラプラス逆変換するために部分分数分解するので，右辺の二つの項の分母を通分してわざわざ一つにまとめる必要はない．右辺の第一項を部分分数に分解すれば，$Y(s)$ は次のようになる．

$$Y(s) = \frac{1}{k-a} \frac{(k-a)c+1}{s-k} - \frac{1}{k-a} \frac{1}{s-a}$$

これをラプラス逆変換し，式 (12.13) の微分方程式の解として，次の $y(t)$ が得られる．

$$y(t) = \frac{((k-a)c+1)e^{kt} - e^{at}}{k-a}$$

【例題 12.4】
次の微分方程式の解 $y(t)$ を求めよ．ただし，初期値を $y(0) = c_1, y'(0) = c_2$ とする．

$$\frac{d^2y}{dt^2} - 3\frac{dy}{dt} + 2y = \cos t \tag{12.14}$$

［解答］
関数 $y(t)$ のラプラス変換を $Y(s)$ して両辺をラプラス変換すると，次式を得る．

$$s^2 Y(s) - sc_1 - c_2 - 3(sY(s) - c_1) + 2Y(s) = \frac{s}{s^2+1}$$

12.3 微分方程式の解法への応用

この式を $Y(s)$ について整理すると，次の式を得る．

$$Y(s) = \frac{s}{(s^2+1)(s^2-3s+2)} + \frac{c_1 s - 3c_1 + c_2}{s^2 - 3s + 2}$$

ここで，右辺の各項を部分分数に分解すると，$Y(s)$ は次のようになる．

$$Y(s) = \frac{1}{10}\left(\frac{s}{s^2+1} - \frac{3}{s^2+1}\right) + \frac{2c_1 - c_2 - \frac{1}{2}}{s-1} + \frac{-c_1 + c_2 + \frac{2}{5}}{s-2} \quad (12.15)$$

$\mathcal{L}^{-1}\left[\frac{s}{s^2+1}\right] = \cos t, \mathcal{L}^{-1}\left[\frac{1}{s^2+1}\right] = \sin t$ であるから，式 (12.15) のラプラス逆変換から，式 (12.14) の微分方程式の解 $y(t)$ は，次のように求まる．

$$y(t) = \frac{1}{10}(\cos t - 3\sin t) + \left(2c_1 - c_2 - \frac{1}{2}\right)e^t + \left(-c_1 + c_2 + \frac{2}{5}\right)e^{2t} \quad (12.16)$$

第 12 章　ラプラス変換の常微分方程式解法への応用

演習問題

[演習 **12.1**] 次のラプラス逆変換を求めよ．

(1) $F(s) = \dfrac{s^2 + s - 1}{(s+1)^2(s-1)}$

(2) $F(s) = \dfrac{1}{s^2 + 4s + 6}$

[演習 **12.2**] 次の微分方程式の解を求めよ．

(1) $\dfrac{dy}{dt} + 2y = te^{-2t}$　　初期条件は $y(0) = 1$

(2) $\dfrac{d^2y}{dt^2} - 2\dfrac{dy}{dt} + y = e^{-t}$　　初期条件は $y(0) = y'(0) = 0$

第 13 章
ラプラス変換と線形システム

ラプラス変換は，定係数線形常微分方程式を解くために有効な手法であることを学んだ．これはシステムの過渡応答の解析につながる．また，ラプラス変換は制御理論においても広く応用されている．本章では，ラプラス変換の線形システムへの応用について説明する．

13.1 線形回路のステップ応答

ラプラス変換を用いると，定係数線形常微分方程式を容易に解くことができる．線形回路の過渡応答（transient response）は，定係数の線形常微分方程式を解くことで求められる．次の問題を例としてこれを理解しよう．

抵抗 R とキャパシタ C を直列に接続した回路（図 13.1）を考える．$t = 0$ においてスイッチ SW を閉じて，回路に電源を接続する．キャパシタの両端の電圧 $v_C(t)$ を応答と考え，$t = 0$ 以後の任意の時刻において応答 $v_C(t)$ がどのように変化するかを考える．ただし，スイッチを閉じる直前のキャパシタ両端の電圧は $v_C(0_-)$ であったとする．

回路に流れる電流 $i(t)$ は，キャパシタの両端の電圧と次の関係にある．

$$i(t) = C \frac{dv_c(t)}{dt} \tag{13.1}$$

第 13 章　ラプラス変換と線形システム

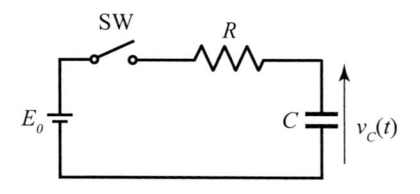

図 **13.1**　RC 直列回路

したがって，$t=0$ 以降において，$v_C(t)$ は次の微分方程式に従って変化する．

$$CR\frac{dv_C(t)}{dt} + v_C(t) = E_0 \tag{13.2}$$

$v_C(t)$ のラプラス変換を $V_C(s)$ として，式（13.2）をラプラス変換すると次の式が得られる．

$$CR\left(sV_C(s) - v_C(0_-)\right) + V_C(s) = \frac{E_0}{s} \tag{13.3}$$

ここで，式（13.2）の右辺 E_0 は $t=0$ で SW が閉じる前は 0 であるので，式（13.2）の右辺には階段関数がかかっていることに注意しなければならない．

$V_C(s)$ についてまとめると，次の式を得る．

$$\begin{aligned}
V_C(s) &= \frac{E_0}{s(CRs+1)} + \frac{CRv_C(0_-)}{CRs+1} \\
&= E_0\left(\frac{1}{s} - \frac{1}{s+\frac{1}{CR}}\right) + \frac{v_C(0_-)}{s+\frac{1}{CR}} \\
&= \frac{E_0}{s} + \frac{v_C(0_-) - E_0}{s+\frac{1}{CR}}
\end{aligned}$$

この式をラプラス逆変換すると，電圧 $v_c(t)$ が次のように求まる．

$$v_C(t) = E_0 + \left(v_C(0_-) - E_0\right)e^{-\frac{1}{CR}t} \tag{13.4}$$

ここで，SW を閉じる直前において，キャパシタ両端の電圧が $v_C(0_-) = 0$ であったとすると，$t = 0$ 以後の応答は次のようになる．

$$v_C(t) = E_0 \left(1 - e^{-\frac{1}{CR}t}\right) \tag{13.5}$$

13.2　任意の入力に対する線形回路の応答

線形回路の特性は時不変であり，そのインパルス応答は $h(t) = T[\delta(t)]$ であるとする．この線形回路に任意の信号 $f(t)$ を入力として加えたとき，応答 $g(t)$ は次のようにして求まる．

$$\begin{aligned} g(t) = T[f(t)] &= \int_{-\infty}^{\infty} f(\tau)T[\delta(t-\tau)]d\tau \\ &= \int_{-\infty}^{\infty} f(\tau)h(t-\tau)d\tau \\ &= \int_{-\infty}^{\infty} f(t-\tau)h(\tau)d\tau = f*h \end{aligned} \tag{13.6}$$

すなわち，応答 $g(t)$ は線形回路のインパルス応答 $h(t)$ と入力信号 $f(t)$ の畳み込み関数で与えられる．

ここで，$t < 0$ において $\delta(t) = 0$ であるから，因果律により線形回路のインパルス応答は $h(t) = 0 \ (t < 0)$ となる．したがって，式 (13.6) は

$$g(t) = \int_0^{\infty} f(t-\tau)h(\tau)d\tau \tag{13.7}$$

となる．

回路応答の初期値をすべて 0 として，$t < 0$ において $f(t) = 0$ であるような入力信号を与える場合を考えて，式 (13.7) の両辺をラプラス変換すると，

第 13 章　ラプラス変換と線形システム

次式を得る.

$$\begin{aligned}\int_0^\infty g(t)e^{-st} &= \int_0^\infty \int_0^\infty f(t-\tau)h(\tau)d\tau e^{-st}dt \\ &= \int_0^\infty h(\tau)\int_0^\infty f(t-\tau)e^{-s(t-\tau)}dt e^{-s\tau}d\tau \\ &= \int_0^\infty h(\tau)\int_{-\tau}^\infty f(t')e^{-st'}dt' e^{-s\tau}d\tau \\ &= \int_0^\infty f(t')e^{-st'}dt' \int_0^\infty h(\tau)e^{-s\tau}d\tau\end{aligned}$$

すなわち $g(t), f(t), h(t)$ のラプラス変換を，それぞれ $G(s), F(s), H(s)$ とすれば，

$$G(s) = H(s)F(s) \tag{13.8}$$

が成り立つ．ここで，$H(s)$ は回路の伝達関数になる．

抵抗 R とキャパシタ C を直列に接続した回路（図 13.1）に加える電源電圧 $v(t)$ に対して，キャパシタ両端の電圧 $v_C(t)$ を応答とみなし，伝達関数 $H(s)$ を求める手順を次に示す．電源電圧 $v(t)$ とキャパシタ両端の電圧 $v_C(t)$ の間には，次の回路方程式が成り立つ．

$$CR\frac{dv_C(t)}{dt} + v_C(t) = v(t) \tag{13.9}$$

$v_C(t)$ のラプラス変換を $V_C(s)$ とし，初期状態を $v_C(0_-) = 0$ とおく．入力電圧として $v(t) = \delta(t)$（そのラプラス変換は 1）を加えた場合の応答のラプラス変換が伝達関数 $H(s)$ であるので，式（13.9）から次の関係式が導かれる．

$$CRsH(s) + H(s) = 1$$

これより，この回路の伝達関数は次のように求まる．

$$H(s) = \frac{1}{CRs + 1} \tag{13.10}$$

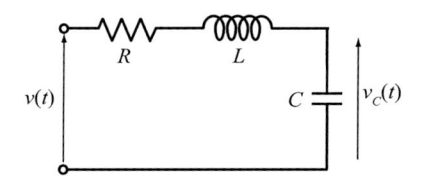

図 **13.2** RLC 直列回路

【例題 13.1】
抵抗 R，インダクタ L，キャパシタ C を直列に接続した回路（図 13.2）において，電源電圧 $v(t)$ を入力，キャパシタの両端に発生する電圧 $v_C(t)$ を応答と考えて，この関係を表す伝達関数を求めよ．

［解答］
回路に流れる電流を $i(t)$ とすると，回路の電圧と電流の間に次の関係式が成り立つ．

$$Ri(t) + L\frac{di(t)}{dt} + v_C(t) = v(t)$$

ここで，電流 $i(t)$ はキャパシタの両端の電圧 $v_C(t)$ と次の関係にある．

$$i(t) = C\frac{dv_C(t)}{dt}$$

したがって，$v_C(t)$ について次の微分方程式が得られる．

$$LC\frac{d^2 v_C(t)}{dt^2} + CR\frac{dv_C(t)}{dt} + v_C(t) = v(t) \tag{13.11}$$

ここで，初期状態を $v_C(0_-) = 0$ とし，デルタ関数を入力として与えたときの応答 $v_C(t)$ のラプラス変換が伝達関数 $H(s)$ であるから，式 (13.11) をラプラス変換して次の式を得る．

$$LCs^2 H(s) + CRsH(s) + H(s) = 1$$

すなわち，伝達関数は次のように求まる．

$$H(s) = \frac{1}{LCs^2 + CRs + 1} \quad (13.12)$$

13.3 線形システムの応答

13.3.1 伝達関数の極と線形システムの時間応答

　伝達関数 $H(s)$ が，変数 s に関する実係数の有理関数（rational function）で表される線形システムの応答を考える．分母の多項式の第一項 s^n の係数が 1 となるように，分母子を適当な数で除して整理すると，$H(s)$ は次のように書くことができる．

$$\begin{aligned}H(s) &= \frac{Q(s)}{P(s)} \\ &= \frac{b_m s^m + b_{m-1} s^{m-1} + b_{m-2} s^{m-2} + \cdots + b_1 s + b_0}{s^n + a_{n-1} s^{n-1} + a_{n-2} s^{n-2} + \cdots + a_1 s + a_0}\end{aligned} \quad (13.13)$$

　ここで，すべての係数 $a_i \ (i = 0, 1, 2, \cdots, n-1), \quad b_j \ (j = 0, 1, 2, \cdots, m)$ は実数である．例えば定係数の線形常微分方程式を解くときには，この関数の形になる．また，抵抗，インダクタ，キャパシタで構成される線形回路の伝達関数もこの形になる．

　式（13.13）の分母の多項式 $P(s)$ は，$(s - s_1)(s - s_2) \cdots (s - s_n)$ と因数分解することができる．このとき，$P(s) = 0$ の根 $s_i \ (i = 1, 2, 3, \cdots, n)$ は $H(s)$ の極（pole）と呼ばれる．極が r 重根の場合は，その極は r 位の極と呼ばれる．この節では，s 複素平面における伝達関数 $H(s)$ の極の配置が，線形システムの応答 $h(t)$ とどのように関係するか調べる．

　伝達関数 $H(s)$ は，部分分数分解で説明した方法に従って，極に対応する因数を分母とする部分分数に分解される．たとえば，s_1 のみが r 位の極

で，他の極はすべて 1 位の極であるとすると，次のように部分分数に分解される．

$$H(s) = \left\{ \frac{\alpha_{1,1}}{s-s_1} + \frac{\alpha_{1,2}}{(s-s_1)^2} + \cdots + \frac{\alpha_{1,r}}{(s-s_1)^r} \right\} \\ + \frac{\alpha_2}{s-s_2} + \cdots + \frac{\alpha_{n-r+1}}{s-s_{n-r+1}} \tag{13.14}$$

このように部分分数に分解された各項をラプラス逆変換すれば，時間領域における線形システムのインパルス応答 $h(t)$ が求まる．したがって，極 s_i の複素平面内における位置によって，その極に対応する項の時間領域における振る舞いを知ることができる．

一般に，$P(s)$ が s の実数係数多項式であるとき，$P(s) = 0$ の根は実数であるか互いに共役な複素数の対である．すなわち，実係数有理関数で伝達関数が表される線形システムの時間応答は，伝達関数の極 s_i が実数の場合と互いに共役な複素数の場合について考えれば十分である．

(1) 極が 1 位の極で実数の場合

$H(s)$ を部分分数分解して得られる式で 1 位の極を α とすると，$\dfrac{\alpha_i}{s-\alpha}$ をラプラス逆変換すると，

$$\mathcal{L}^{-1}\left[\frac{\alpha_i}{s-\alpha}\right] = \alpha_i e^{\alpha t} \tag{13.15}$$

となる．すなわち，この項は時間に対して指数関数的に変化する．極 α が正の場合には $t \to \infty$ で応答は発散し，α が負の場合には t の増加とともに応答は単調に減少して $t \to \infty$ で 0 に収束する．また，$\alpha = 0$ の場合には t が変化しても一定値をとり，階段関数となる（$t < 0$ で関数値は 0 であることに注意）．

(2) 極が 1 位の極で複素数の場合

複素数 $\alpha + j\omega$ が，分母の実数係数多項式 $P(s) = 0$ の根の一つであれば，これと複素共役な複素数 $\alpha - j\omega$ も $P(s) = 0$ の根となる．二つの極 $\alpha \pm j\omega$

第 13 章　ラプラス変換と線形システム

に対応する項は次のようになる．

$$H(s) = \frac{Q(s)}{(s-s_1)\cdots(s-(\alpha+j\omega))(s-(\alpha-j\omega))\cdots(s-s_n)}$$
$$= \frac{Q(s)}{(s-s_1)\cdots((s-\alpha)^2+\omega^2)\cdots(s-s_n)}$$
$$= \frac{as+b}{(s-\alpha)^2+\omega^2} + [\alpha \pm j\omega 以外の極に対応する項] \quad (13.16)$$

ただし，a と b は定数である．

ここで，式（13.16）の右辺第一項は次のように変形することができる．

$$\frac{as+b}{(s-\alpha)^2+\omega^2} = a\frac{s-\alpha}{(s-\alpha)^2+\omega^2} + \frac{a\alpha+b}{\omega}\frac{\omega}{(s-\alpha)^2+\omega^2} \quad (13.17)$$

式（13.17）をラプラス逆変換すると，

$$\mathcal{L}^{-1}\left[\frac{as+b}{(s-\alpha)^2+\omega^2}\right] = ae^{\alpha t}\cos\omega t + \frac{a\alpha+b}{\omega}e^{\alpha t}\sin\omega t$$
$$= Ae^{\alpha t}\cos(\omega t - \theta) \quad (13.18)$$

と整理することができる．ただし，$A = \sqrt{a^2 + \left(\dfrac{a\alpha+b}{\omega}\right)^2}$, $\theta = \tan^{-1}\dfrac{a\alpha+b}{a\omega}$ である．式（13.18）から，この項の時間応答は，極の実数部 α の符号によって次のようになることがわかる．

- $\alpha < 0$ の場合，t の増加とともに振幅が減少する振動関数（図 13.3 (a)）．
- $\alpha = 0$ の場合，t によらず一定の振幅で振動する関数（図 13.3 (b)）．
- $\alpha > 0$ の場合，t の増加とともに振幅が増大する振動関数（図 13.3 (c)）．

なお，極の虚数部が $\omega = 0$ の場合，極は実数になり，時間応答は単純な指数関数となる．（図 13.3 (d)，(e)，(f)）

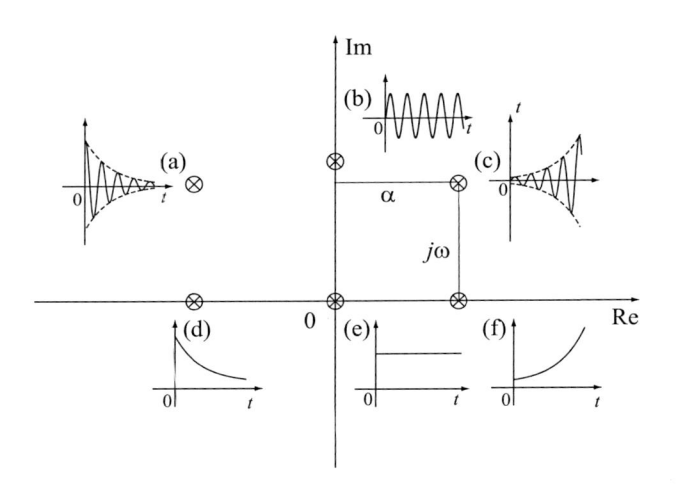

図 **13.3** s 複素平面における伝達関数 $H(s)$ の極の配置と線形システムのインパルス応答の関係

(3) 極が r 位の極の場合

式 (13.14) に示すように，極 s_1 が r 位の極であるとする．s_1 を複素数 $\alpha + j\omega$ とすると，極 s_1 に対応する項のラプラス逆変換は次のようになる．

$$\left[\alpha_{1,1} + \alpha_{1,2}t + \frac{\alpha_{1,3}}{2!}t^2 + \cdots + \frac{\alpha_{1,r}}{(r-1)!}t^{r-1}\right] e^{(\alpha+j\omega)t} \tag{13.19}$$

すなわち，t^k ($k = 0, 1, 2, \cdots, r-1$) と指数関数 $e^{\alpha t}$ および振動関数 ($\cos \omega t$ あるいは $\sin \omega t$) の積となる．

指数関数 $e^{\alpha t}$ は，実数の 1 位の極の場合で記したように，α の符号に応じて t の増加とともに単調減少，単調増加するか，$\alpha = 0$ であれば t によらず一定となる．t^k ($k = 0, 1, 2, \cdots, r-1$) は，$t > 0$ の範囲で時間とともに単調に増大する関数である．

13.3.2　線形システムの安定性

　線形システムのインパルス応答 $h(t)$ の振る舞いは，s 複素平面内における伝達関数の極の位置に応じて，次のようにまとめることができる．

(1) 1位の極

- 極が左半面内にある場合，$h(t)$ は時間とともに減衰する．
- 極が虚軸上にある場合，$h(t)$ は時間によらず持続する．振動する場合は，振幅が一定である．
- 極が右半面内にある場合，$h(t)$ は時間とともに発散する．

(2) 2位以上の極

- 極が左半面内にある場合，$h(t)$ は時間とともに減衰する．
- 極が虚軸上にある場合，$h(t)$ は時間とともに発散する．
- 極が右半面内にある場合，$h(t)$ は時間とともに発散する．

　すなわち，線形システムの安定性（stability）は次のように考えることができる．

- 伝達関数の極がすべて左半面内にあるとき，応答は時間とともに減衰し，線形システムは狭義安定（stable in a limited sense）である．
- 伝達関数の極がひとつでも右半面内にあると，応答は時間とともに発散し，線形システムは不安定（unstable）になる．
- 伝達関数の極が虚軸上にあるとき，極が1位の場合に限って，時間応答は発散も減衰もせず，持続する．この場合，線形システムは広義安定（stable in a broad sense）と呼ばれる．ただし，線形システムへの入力の極が，伝達関数の虚軸上の極と同じ位置に配置されると，入

力×伝達関数で 2 位以上の極になるので，応答は発散する．これは，共振（共鳴）現象（resonance）に対応する．

第 13 章　ラプラス変換と線形システム

演習問題

[演習 13.1] 図 13.4 に示す線形回路において抵抗 R の両端の電圧 $v_R(t)$ を応答と考える．入力電圧 $v(t)$ に対する $v_R(t)$ の伝達関数 $H(s)$ を求めよ．また，この系は安定であるかどうか，理由とともに答えよ．

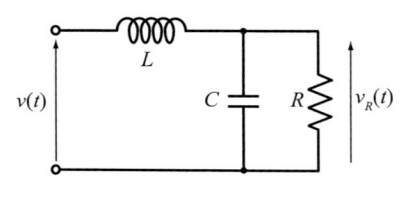

図 13.4　RLC 回路

[演習 13.2] 伝達関数が $H_1(s)$ の線形システム S_1 と伝達関数が $H_2(s)$ の線形システム S_2 を直列に接続して，システム S をつくる．このとき，システム S の伝達関数 $H_0(s)$ が $H_0(s) = H_1(s)H_2(s)$ となることを示せ．

付録 A
数学公式および関係式

参考のために，本書で頻出する数学公式や関係式を記す．

オイラーの公式

(1) $e^{j\theta} = \cos\theta + j\sin\theta$

オイラーの公式から，次の関係が導かれる．

(2) $\cos\theta = \dfrac{e^{j\theta} + e^{-j\theta}}{2}, \quad \sin\theta = \dfrac{e^{j\theta} - e^{-j\theta}}{2j}$

(3) $e^{j2n\pi} = \cos 2n\pi = 1, \quad e^{j(2n-1)\pi} = \cos(2n-1)\pi = -1 \quad$ (n は整数)

三角関数

(4) $\sin n\pi = 0, \quad \cos n\pi = (-1)^n \quad$ (n は整数)

(5) $\sin\dfrac{(2n-1)\pi}{2} = (-1)^{n-1}, \quad \cos\dfrac{(2n-1)\pi}{2} = 0 \quad$ (n は整数)

付録 A　数学公式および関係式

(6) $\sin(\alpha \pm \beta) = \sin\alpha\cos\beta \pm \cos\alpha\sin\beta$

(7) $\cos(\alpha \pm \beta) = \cos\alpha\cos\beta \mp \sin\alpha\sin\beta$

(8) $\sin\alpha\cos\beta = \dfrac{1}{2}\left(\sin(\alpha+\beta) + \sin(\alpha-\beta)\right)$

(9) $\cos\alpha\sin\beta = \dfrac{1}{2}\left(\sin(\alpha+\beta) - \sin(\alpha-\beta)\right)$

(10) $\cos\alpha\cos\beta = \dfrac{1}{2}\left(\cos(\alpha+\beta) + \cos(\alpha-\beta)\right)$

(11) $\sin\alpha\sin\beta = \dfrac{1}{2}\left(-\cos(\alpha+\beta) + \cos(\alpha-\beta)\right)$

(12) $\sin^2\alpha = \dfrac{1 - \cos 2\alpha}{2}$

(13) $\cos^2\alpha = \dfrac{1 + \cos 2\alpha}{2}$

(14) $\sin 2\alpha = 2\sin\alpha\cos\alpha$

(15) $\cos 2\alpha = \cos^2\alpha - \sin^2\alpha = 2\cos^2\alpha - 1$

(16) $\dfrac{\mathrm{d}}{\mathrm{d}t}\sin at = a\cos at, \quad \displaystyle\int \cos at\, \mathrm{d}t = \dfrac{1}{a}\sin at$

(17) $\dfrac{\mathrm{d}}{\mathrm{d}t}\cos at = -a\sin at, \quad \displaystyle\int \sin at\, \mathrm{d}t = -\dfrac{1}{a}\cos at$

付録 B
演習問題略解

[演習 1.1]
(1) 入力 $\alpha_1 f_1(t) + \alpha_2 f_2(t)$ に対する出力は,

$$y(t) = \frac{a}{\alpha_1 f_1(t) + \alpha_2 f_2(t)}$$

一方, $f_1(t)$, $f_2(t)$ に対する出力は, それぞれ

$$y_1(t) = \frac{a}{f_1(t)}, \qquad y_2(t) = \frac{a}{f_2(t)}$$

であるので

$$y(t) - (\alpha_1 y_1(t) + \alpha_2 y_2(t)) = a\left(\frac{1}{\alpha_1 f_1(t) + \alpha_2 f_2(t)} - \frac{\alpha_1}{f_1(t)} - \frac{\alpha_2}{f_2(t)}\right) \neq 0$$

すなわち, 線形ではない.

(2) 入力 $f_1(t)$, $f_2(t)$ に対する出力は, それぞれ次の式を満足する.

$$\frac{d^2 y_1(t)}{dt^2} + a\frac{dy_1(t)}{dt} + by_1(t) = f_1(t)$$
$$\frac{d^2 y_2(t)}{dt^2} + a\frac{dy_2(t)}{dt} + by_2(t) = f_2(t)$$

一方, 入力 $\alpha_1 f_1(t) + \alpha_2 f_2(t)$ に対する出力は,

付録 B　演習問題略解

$$\frac{d^2}{dt^2}(\alpha_1 y_1(t) + \alpha_2 y_2(t)) + a\frac{d}{dt}(\alpha_1 y_1(t) + \alpha_2 y_2(t)) \\ + b(\alpha_1 y_1(t) + \alpha_2 y_2(t)) = \alpha_1 f_1(t) + \alpha_2 f_2(t)$$

と整理され，次の関係式を満足するので，線形性を有する．

$$\alpha_1 \frac{d^2 y_1(t)}{dt^2} + \alpha_1 a \frac{dy_1(t)}{dt} + \alpha_1 b y_1(t) \\ + \alpha_2 \frac{d^2 y_2(t)}{dt^2} + \alpha_2 a \frac{dy_2(t)}{dt} + \alpha_2 b y_2(t) = \alpha_1 f_1(t) + \alpha_2 f_2(t)$$

(3) 入力 $f_1(t)$，$f_2(t)$ に対する出力は，それぞれ次の式を満足する．

$$a\int y_1(t)dt = f_1(t), \quad a\int y_2(t)dt = f_2(t)$$

一方，入力 $\alpha_1 f_1(t) + \alpha_2 f_2(t)$ に対する出力は，

$$a\int (\alpha_1 y_1(t) + \alpha_2 y_2(t))\,dt = \alpha_1 f_1(t) + \alpha_2 f_2(t)$$

と整理されるので，線形性を有する．

[演習 1.2] フーリエ係数 a_n，b_n を計算する．まず，a_n は次のようになる．

$$a_n = \frac{2}{T}\int_{-\frac{T}{4}}^{\frac{T}{4}} E\cos n\frac{2\pi}{T}t\,dt$$

i) $n = 0$ の場合

$$a_0 = \frac{2}{T}\int_{-\frac{T}{4}}^{\frac{T}{4}} E\,dt = E$$

ii) $n \neq 0$ の場合

$$a_n = \frac{2E}{T}\left[\frac{\sin n\frac{2\pi}{T}t}{n\frac{2\pi}{T}}\right]_{-\frac{T}{4}}^{\frac{T}{4}} = \frac{2E}{n\pi}\sin\frac{n\pi}{2}$$

すなわち，n が偶数の場合 $a_n = a_{2m} = 0 \ (m = 1, 2, 3, \cdots)$ であり，n が奇数の場合 $a_n = a_{2m-1} = \dfrac{2E}{(2m-1)\pi} \sin \dfrac{(2m-1)\pi}{2} \ (m = 1, 2, 3, \cdots)$ となる．また，$b_n = \dfrac{2}{T} \displaystyle\int_{-\frac{T}{4}}^{\frac{T}{4}} E \sin n \dfrac{2\pi}{T} t \, dt = 0$ である．したがって，図 1.6 の矩形波列 $f(t)$ は，次のようにフーリエ級数に展開される．

$$f(t) = \frac{E}{2} + \frac{2E}{\pi} \sum_{n=1}^{\infty} \frac{1}{2n-1} \sin \frac{(2n-1)\pi}{2} \cos(2n-1) \frac{2\pi}{T} t$$

一方，例題 1.2 の矩形波列で時間原点を $-\dfrac{T}{4}$ 移動すると本題の矩形波列に一致する．式 (1.13) で t を $t + \dfrac{T}{4}$ と置き換えて整理すると，次のようにして $f(t)$ と一致することが確かめられる．

$$\frac{E}{2} + \frac{2E}{\pi} \sum_{n=1}^{\infty} \frac{1}{2n-1} \sin(2n-1) \frac{2\pi}{T} \left(t + \frac{T}{4} \right)$$
$$= \frac{E}{2} + \frac{2E}{\pi} \sum_{n=1}^{\infty} \frac{1}{2n-1} \sin \left((2n-1) \frac{2\pi}{T} t + (2n-1) \frac{\pi}{2} \right)$$
$$= \frac{E}{2} + \frac{2E}{\pi} \sum_{n=1}^{\infty} \frac{1}{2n-1} \sin \frac{(2n-1)\pi}{2} \cos(2n-1) \frac{2\pi}{T} t$$

[演習 **1.3**] 演習 1.2 のフーリエ級数展開の結果において $t = 0$ を考える．$f(0) = E$ であり，$t = 0$ において $\cos(2n-1) \dfrac{2\pi}{T} t = 1$ であるから，

$$E = \frac{E}{2} + \frac{2E}{\pi} \sum_{n=1}^{\infty} \frac{1}{2n-1} \sin \frac{(2n-1)\pi}{2}$$

となる．さらにこれを整理すると次の結果を得る．

$$1 - \frac{1}{3} + \frac{1}{5} - \frac{1}{7} + \cdots = \frac{\pi}{4}$$

付録 B　演習問題略解

[演習 2.1]

(1) $f(t)$ は偶関数で 1 周期にわたる平均値が 0 であるから，フーリエ係数は次のように求まる．

$$b_n = 0, \quad a_0 = 0$$
$$a_n = \frac{4}{T}\int_0^{\frac{T}{2}} f(t)\cos n\frac{2\pi}{T}t\,dt = \frac{4}{T}\left(\int_0^{\frac{T}{4}}\cos\frac{2n\pi}{T}t\,dt - \int_{\frac{T}{4}}^{\frac{T}{2}}\cos\frac{2n\pi}{T}t\,dt\right)$$
$$= \frac{4}{n\pi}\sin\frac{n\pi}{2}$$

したがって，次のようにフーリエ展開される．

$$f(t) = \frac{4}{\pi}\sum_{n=1}^{\infty}\frac{1}{n}\sin\frac{n\pi}{2}\cos n\frac{2\pi}{T}t$$
$$= \frac{4}{\pi}\left(\cos\frac{2\pi}{T}t - \frac{1}{3}\cos 3\frac{2\pi}{T}t + \frac{1}{5}\cos 5\frac{2\pi}{T}t - \frac{1}{7}\cos 7\frac{2\pi}{T}t + \cdots\right)$$

(2) $g(t)$ は奇関数であるからフーリエ係数は次のように求まる．

$$a_n = 0$$
$$b_n = \frac{4}{T}\int_0^{\frac{T}{2}} g(t)\sin n\frac{2\pi}{T}t\,dt = \frac{4}{T}\int_0^{\frac{T}{2}}\sin\frac{2n\pi}{T}t\,dt = \frac{4}{T}\left[\frac{-\cos\frac{2n\pi}{T}t}{\frac{2n\pi}{T}}\right]_0^{\frac{T}{2}}$$
$$= \frac{2}{n\pi}(1 - \cos n\pi)$$

したがって，次のようにフーリエ展開される．

$$g(t) = \frac{2}{\pi}\sum_{n=1}^{\infty}\frac{1}{n}(1 - \cos n\pi)\sin n\frac{2\pi}{T}t$$
$$= \frac{4}{\pi}\left(\sin\frac{2\pi}{T}t + \frac{1}{3}\sin 3\frac{2\pi}{T}t + \frac{1}{5}\sin 5\frac{2\pi}{T}t + \cdots\right)$$

ここで，

$$f(t - \frac{T}{4}) = \frac{4}{\pi} \sum_{n=1}^{\infty} \frac{1}{n} \sin \frac{n\pi}{2} \cos \frac{2n\pi}{T}\left(t - \frac{T}{4}\right)$$

$$= \frac{4}{\pi} \sum_{n=1}^{\infty} \frac{1}{n} \left(\cos \frac{2n\pi}{T}t \sin \frac{n\pi}{2} \cos \frac{n\pi}{2} + \sin \frac{2n\pi}{T}t \sin^2 \frac{n\pi}{2}\right)$$

$$= \frac{4}{\pi} \sum_{n=1}^{\infty} \frac{1}{n} \left(\frac{1}{2} \cos \frac{2n\pi}{T}t \sin n\pi + \sin \frac{2n\pi}{T}t \frac{1 - \cos n\pi}{2}\right)$$

$$= \frac{2}{\pi} \sum_{n=1}^{\infty} \frac{1}{n}(1 - \cos n\pi) \sin n \frac{2\pi}{T}t = g(t)$$

という関係がある．

[演習 2.2] $f(t)$ は周期 T の周期関数であるから，次のようにフーリエ級数で展開することができる．

$$f(t) = \sum_{n=-\infty}^{\infty} c_n \exp\left(j\frac{2n\pi}{T}t\right)$$

右辺を項別微分すると，$\displaystyle\sum_{\substack{n=-\infty \\ (n \neq 0)}}^{\infty} j\frac{2n\pi}{T} c_n \exp\left(j\frac{2n\pi}{T}t\right)$ が得られる．

一方，$f(t)$ がなめらかな関数であれば，その 1 次導関数 $\dfrac{df(t)}{d}t$ は連続関数になり，$\dfrac{df(t)}{d}t$ のフーリエ級数展開はいたるところで $\dfrac{df(t)}{d}t$ と一致する．$\dfrac{df(t)}{d}t$ のフーリエ級数を $\dfrac{df(t)}{d}t = \displaystyle\sum_{n=-\infty}^{\infty} c'_n \exp\left(j\frac{2n\pi}{T}t\right)$ とすると，フーリエ係数は次のように求まる．

付録 B　演習問題略解

$$
\begin{aligned}
c'_n &= \frac{1}{T}\int_{-\frac{T}{2}}^{\frac{T}{2}} \frac{df}{d}t \exp\left(-j\frac{2n\pi}{T}t\right) dt \\
&= \frac{1}{T}\left[f(t)\exp\left(-j\frac{2n\pi}{T}t\right)\right]_{-\frac{T}{2}}^{\frac{T}{2}} \\
&\quad - \frac{1}{T}\int_{-\frac{T}{2}}^{\frac{T}{2}} f(t)\left(-j\frac{2n\pi}{T}\right)\exp\left(-j\frac{2n\pi}{T}t\right) dt \\
&= \frac{1}{T}\left(f\left(\frac{T}{2}\right)e^{-jn\pi} - f\left(-\frac{T}{2}\right)e^{jn\pi}\right) \\
&\quad + j\frac{2n\pi}{T^2}\int_{-\frac{T}{2}}^{\frac{T}{2}} f(t)\exp\left(-j\frac{2n\pi}{T}t\right) dt
\end{aligned}
$$

ここで, $e^{-jn\pi} = e^{jn\pi} = (-1)^n$ であり, $f(t)$ の周期性から $f\left(\frac{T}{2}\right) = f\left(-\frac{T}{2}\right)$ が成り立つので, $f\left(\frac{T}{2}\right)e^{-jn\pi} - f\left(-\frac{T}{2}\right)e^{jn\pi} = 0$ となる. したがって,

$$c'_n = j\frac{2n\pi}{T^2}\int_{-\frac{T}{2}}^{\frac{T}{2}} f(t)\exp\left(-j\frac{2n\pi}{T}t\right) dt = j\frac{2n\pi}{T}c_n$$

であり, $\frac{df(t)}{d}t$ のフーリエ級数展開は,

$$\frac{df(t)}{d}t = \sum_{\substack{n=-\infty \\ (n\neq 0)}}^{\infty} j\frac{2n\pi}{T}c_n \exp\left(j\frac{2n\pi}{T}t\right)$$

となる．上式の右辺は $f(t)$ のフーリエ級数を項別微分した結果に等しい．すなわち, $f(t)$ のフーリエ級数の項別微分は $\frac{df(t)}{d}t$ のフーリエ級数と一致する．

[演習 3.1] 周期は 2π であるので, 次のように複素フーリエ級数で展開できる．

$$f(t) = \sum_{n=-\infty}^{\infty} c_n e^{jnt}$$

ここで，フーリエ係数は次のように計算される．

$n = 0$ の場合

$$c_0 = \frac{1}{2\pi}\int_{-\pi}^{\pi} |t|dt = \frac{1}{\pi}\int_0^{\pi} tdt = \frac{1}{\pi}\left[\frac{t^2}{2}\right]_0^{\pi} = \frac{\pi}{2}$$

$n \neq 0$ の場合

$$\begin{aligned}
c_n &= \frac{1}{2\pi}\int_{-\pi}^{\pi} |t|e^{-jnt}dt = \frac{-1}{2\pi}\int_{-\pi}^0 te^{-jnt}dt + \frac{1}{2\pi}\int_0^{\pi} te^{-jnt}dt \\
&= \frac{-1}{2\pi}\left(\left[\frac{te^{-jnt}}{-jn}\right]_{-\pi}^0 + \int_{-\pi}^0 \frac{e^{-jnt}}{jn}dt\right) + \frac{1}{2\pi}\left(\left[\frac{te^{-jnt}}{-jn}\right]_0^{\pi} + \int_0^{\pi} \frac{e^{-jnt}}{jn}dt\right) \\
&= \frac{-1}{2\pi}\left(\frac{\pi e^{jn\pi}}{-jn} + \left[\frac{e^{-jnt}}{n^2}\right]_{-\pi}^0\right) + \frac{1}{2\pi}\left(\frac{\pi e^{-jn\pi}}{-jn} + \left[\frac{e^{-jnt}}{n^2}\right]_0^{\pi}\right) \\
&= \frac{1}{j2n}(e^{jn\pi} - e^{-jn\pi}) + \frac{e^{-jn\pi} - 1 - 1 + e^{jn\pi}}{2n^2\pi} \\
&= \frac{\cos n\pi - 1}{n^2\pi} = \frac{(-1)^n - 1}{n^2\pi}
\end{aligned}$$

したがって，$f(t)$ は次のようにフーリエ級数に展開される．

$$\begin{aligned}
f(t) &= \frac{\pi}{2} + \sum_{\substack{n=-\infty \\ (n\neq 0)}}^{\infty} \frac{(-1)^n - 1}{n^2\pi} e^{jnt} \\
&= \frac{\pi}{2} + \frac{2}{\pi}\sum_{n=1}^{\infty} \frac{(-1)^n - 1}{n^2}\cos nt = \frac{\pi}{2} - \frac{4}{\pi}\sum_{n=1}^{\infty} \frac{1}{(2n-1)^2}\cos(2n-1)t
\end{aligned}$$

[演習 3.2] 定義に従って微分演算を実行すると，次のようになる．

$$\frac{d}{dt}\mathrm{Re}\left[\dot{V}e^{j\omega t}\right] = \frac{d}{dt}|\dot{V}|\cos(\omega t + \varphi) = -\omega|\dot{V}|\sin(\omega t + \varphi)$$

付録 B 演習問題略解

ここで，φ は複素数 $\dot{V}$ の偏角を表す．一方，まず微分演算を行い，その後に結果の実数部をとることにすると次のようになる．

$$\mathrm{Re}\left[\frac{d}{d}t\dot{V}e^{j\omega t}\right] = \mathrm{Re}\left[\dot{V}\frac{d}{d}te^{j\omega t}\right] = \mathrm{Re}\left[j\omega\dot{V}e^{j\omega t}\right] = \mathrm{Re}\left[j\omega|\dot{V}|e^{j(\omega t+\varphi)}\right]$$
$$= \mathrm{Re}\left[j\omega|\dot{V}|\{\cos(\omega t+\varphi)+j\sin(\omega t+\varphi)\}\right]$$
$$= -\omega|\dot{V}|\sin(\omega t+\varphi)$$

すなわち，微分演算と複素数の実数部をとる演算の順序を入れ替えて実行しても，同じ結果が得られる．

[演習 4.1] フーリエ変換の定義式（4.5）に従ってフーリエ変換 $F(\omega)$ を求めると，次のようになる．

$$F(\omega) = \int_{-\infty}^{0} e^{(a-j\omega)t}dt + \int_{0}^{\infty} e^{-(a+j\omega)t}dt$$
$$= \left[\frac{e^{(a-j\omega)t}}{a-j\omega}\right]_{-\infty}^{0} + \left[\frac{e^{-(a+j\omega)t}}{-a-j\omega}\right]_{0}^{\infty}$$
$$= \frac{1}{a-j\omega} + \frac{1}{a+j\omega} = \frac{2a}{a^2+\omega^2}$$

[演習 4.2] $F(\omega)$ を次のように変形する．

$$F(\omega) = 2aE\frac{\sin a\omega}{a\omega}$$

- $\omega \to 0$ の極限で $\dfrac{\sin a\omega}{a\omega} \to 1$ であるから $F(\omega) \to 2aE$
- $\omega = \dfrac{n\pi}{a}$ $(n=1,2,3\cdots)$ で $F(\omega)$ は 0 になる．
- $F(\omega)$ の最初の零点は $\omega_0 = \dfrac{\pi}{a}$ である．ω_0 は周波数スペクトルの広がりの目安となる．a が小さいほうが ω_0 は大きくなる．すなわち，パルス幅 $2a$ が狭いほうが，周波数スペクトルの広がりが大きくなる．

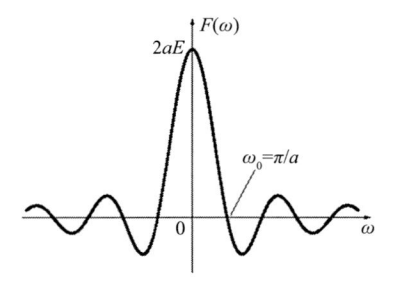

Figure: $F(\omega)$ のグラフ，ピーク $2aE$，$\omega_0 = \pi/a$

[演習 4.3] 1周期分の関数 $f_0(t)$（振幅 1，幅 $2a$ の単一矩形パルス）のフーリエ変換 $F_0(\omega)$ は，次の式で与えられる．

$$F_0(\omega) = \frac{2\sin a\omega}{\omega}$$

したがって，$f_0(t)$ を周期 $4a$ で繰り返す矩形パルス列のフーリエ変換 $F(\omega)$ は，$\omega_0 = \dfrac{\pi}{2a}$ として次の式で与えられる．

$$F(\omega) = \omega_0 \sum_{n=-\infty}^{\infty} F_0(\omega)\delta(\omega - n\omega_0) = \frac{\pi}{a} \sum_{n=-\infty}^{\infty} \frac{\sin a\omega}{\omega}\delta\left(\omega - \frac{n\pi}{2a}\right)$$

[演習 5.1] $a > 0$ のとき，フーリエ積分で変数変換すれば

$$\mathcal{F}[f(at+b)] = \int_{-\infty}^{\infty} f(at+b)e^{-j\omega t}dt = \frac{1}{a}\int_{-\infty}^{\infty} f(t')e^{-j\omega\left(\frac{t'-b}{a}\right)}\mathrm{d}t'$$
$$= \frac{1}{a}e^{j\frac{b\omega}{a}} \int_{-\infty}^{\infty} f(t')e^{-j\left(\frac{\omega}{a}\right)t'}\mathrm{d}t' = \frac{1}{a}e^{j\frac{b\omega}{a}} F\left(\frac{\omega}{a}\right)$$

$a < 0$ のとき

$$\mathcal{F}[f(at+b)] = \frac{1}{a}\int_{\infty}^{-\infty} f(t')e^{-j\omega\left(\frac{t'-b}{a}\right)}\mathrm{d}t' = \frac{-1}{a}e^{j\frac{b\omega}{a}} F\left(\frac{\omega}{a}\right)$$

したがって，

$$\mathcal{F}[f(at+b)] = \frac{1}{|a|}e^{j\frac{b\omega}{a}} F\left(\frac{\omega}{a}\right)$$

付録 B 演習問題略解

となる．

[演習 5.2] $\tau > 0$ のとき

$$
\begin{aligned}
R_{f_1 f_1}(\tau) &= \int_{-\infty}^{\infty} e^{-a|\tau+t|} e^{-a|t|} dt \\
&= \int_{-\infty}^{-\tau} e^{a(\tau+t)} e^{at} dt + \int_{-\tau}^{0} e^{-a(\tau+t)} e^{at} dt + \int_{0}^{\infty} e^{-a(\tau+t)} e^{-at} dt \\
&= \left[\frac{e^{a\tau} e^{2at}}{2a} \right]_{-\infty}^{-\tau} + \left[e^{-a\tau} t \right]_{-\tau}^{0} + \left[\frac{e^{-a\tau} e^{-2at}}{-2a} \right]_{0}^{\infty} \\
&= \frac{e^{-a\tau}}{2a} + \tau e^{-a\tau} + \frac{e^{-a\tau}}{2a} = \left(\tau + \frac{1}{a} \right) e^{-a\tau}
\end{aligned}
$$

$\tau < 0$ のとき

$$
\begin{aligned}
R_{f_1 f_1}(\tau) &= \int_{-\infty}^{0} e^{a(\tau+t)} e^{at} dt + \int_{0}^{-\tau} e^{a(\tau+t)} e^{-at} dt + \int_{-\tau}^{\infty} e^{-a(\tau+t)} e^{-at} dt \\
&= \int_{-\infty}^{0} e^{a\tau} e^{2at} dt + \int_{0}^{-\tau} e^{a\tau} dt + \int_{-\tau}^{\infty} e^{-a\tau} e^{-2at} dt \\
&= \left[\frac{e^{a\tau} e^{2at}}{2a} \right]_{-\infty}^{0} + \left[e^{a\tau} t \right]_{0}^{-\tau} + \left[\frac{e^{-a\tau} e^{-2at}}{-2a} \right]_{-\tau}^{\infty} \\
&= \frac{e^{a\tau}}{2a} - \tau e^{a\tau} + \frac{e^{a\tau}}{2a} = \left(-\tau + \frac{1}{a} \right) e^{a\tau}
\end{aligned}
$$

これより，

$$\mathcal{F}[R_{f_1 f_1}(\tau)] = \int_{-\infty}^{0} \left(-\tau + \frac{1}{a}\right) e^{a\tau} e^{-j\omega\tau} d\tau + \int_{0}^{\infty} \left(\tau + \frac{1}{a}\right) e^{-a\tau} e^{-j\omega\tau} d\tau$$

$$= \left[\left(-\tau + \frac{1}{a}\right) \frac{e^{(a-j\omega)\tau}}{a - j\omega}\right]_{-\infty}^{0} + \int_{-\infty}^{0} \frac{e^{(a-j\omega)\tau}}{a - j\omega} d\tau$$

$$+ \left[\left(\tau + \frac{1}{a}\right) \frac{e^{-(a+j\omega)\tau}}{-(a + j\omega)}\right]_{0}^{\infty} + \int_{0}^{\infty} \frac{e^{-(a+j\omega)\tau}}{a + j\omega} d\tau$$

$$= \frac{1}{a(a - j\omega)} + \left[\frac{e^{(a-j\omega)\tau}}{(a - j\omega)^2}\right]_{-\infty}^{0} + \frac{1}{a(a + j\omega)} + \left[\frac{e^{-(a+j\omega)\tau}}{-(a + j\omega)^2}\right]_{0}^{\infty}$$

$$= \frac{2}{a^2 + \omega^2} + \frac{2(a^2 - \omega^2)}{(a^2 + \omega^2)^2} = 2\frac{a^2 + \omega^2 + a^2 - \omega^2}{(a^2 + \omega^2)^2} = \frac{4a^2}{(a^2 + \omega^2)^2}$$

一方,演習 4.1 より,$f(t) = e^{-a|t|}$ のフーリエ変換は $F(\omega) = \dfrac{2a}{a^2 + \omega^2}$ であるから,確かに $\mathcal{F}[R_{f_1 f_1}(\tau)] = |F(\omega)|^2$ なる関係が成り立つ.

[演習 6.1]
(a) 回路に正弦波交流電圧 $\dot{V}(t) = e^{j\omega_0 t}$ を印加すると,RC 直列回路を流れる電流は定常波解析から次のように求まる.

$$\dot{I}(t) = \frac{e^{j\omega_0 t}}{R + \frac{1}{j\omega_0 C}}$$

したがって,抵抗 R の両端の電圧 $v_R(t)$ のインパルス応答のフーリエ変換 $H(\omega)$ は,次のように求まる.

$$H(\omega) = \frac{R\dot{I}}{e^{j\omega t}} = \frac{R}{R + \frac{1}{j\omega C}} = \frac{j\omega CR}{1 + j\omega CR}$$

(b) 同様に,RLC 直列回路で考えると

$$H(\omega) = \frac{R}{R + j\omega L + \frac{1}{j\omega C}} = \frac{j\omega CR}{1 - \omega^2 CL + j\omega CR}$$

[演習 6.2]
(1) 入力（(a) 幅 a, 高 1, 中心 $a/2$ の矩形波）と出力（(b) 幅 a, 高 $1/2$, 中心 a の矩形波）のフーリエ変換 $F(\omega)$, $G(\omega)$ は，それぞれ次のようになる．

$$F(\omega) = \int_0^a e^{-j\omega t}dt = \left[\frac{e^{-j\omega t}}{-j\omega}\right]_0^a = e^{-j\frac{a\omega}{2}}\frac{e^{j\frac{a\omega}{2}} - e^{-j\frac{a\omega}{2}}}{j\omega} = 2e^{-j\frac{a\omega}{2}}\frac{\sin\frac{a\omega}{2}}{\omega}$$

$$G(\omega) = \frac{1}{2}\int_{\frac{a}{2}}^{\frac{3a}{2}} e^{-j\omega t}dt = e^{-ja\omega}\frac{\sin\frac{a\omega}{2}}{\omega}$$

したがって，システム関数は次のように求まる．

$$H(\omega) = \frac{G(\omega)}{F(\omega)} = \frac{1}{2}e^{-j\frac{a\omega}{2}}$$

(2) インパルス応答は $H(\omega)$ のフーリエ逆変換より

$$h(t) = \frac{1}{2\pi}\int_{-\infty}^{\infty}\frac{1}{2}e^{-j\frac{a\omega}{2}}e^{j\omega t}d\omega = \frac{1}{4\pi}\int_{-\infty}^{\infty}e^{j(t-\frac{a}{2})\omega}d\omega = \frac{1}{2}\delta\left(t - \frac{a}{2}\right)$$

[演習 7.1] 標本化関数 $s_n(t) = \dfrac{\sin 2\pi f_m\left(t - \frac{n}{2f_m}\right)}{2\pi f_m\left(t - \frac{n}{2f_m}\right)}$ は，$t_n = \dfrac{n}{2f_m}$ において値 1 をとり，これ以外のサンプリング時刻 $t_k = \dfrac{k}{2f_m}$ $(k \neq n)$ において 0 となる．すなわち，$k \neq n$ なる k に対して $s_k(t_n) = 0$ である．したがって，サンプリング時刻 $t_n = \dfrac{n}{2f_m}$ における $f(t)$ の値は標本値 $f(t_n)$ に一致する．

[演習 7.2] $\delta_T(t)$ は周期 T_s の周期関数であるから，

$$\delta_T(t) = \sum_{n=-\infty}^{\infty} c_n \exp\left(j\frac{2n\pi}{T_s}t\right)$$

と複素フーリエ級数展開できる．ここで，フーリエ係数は，

$$c_n = \frac{1}{T_s}\int_{-\frac{T_s}{2}}^{\frac{T_s}{2}} \delta(t)\exp\left(-j\frac{2n\pi}{T_s}t\right)dt = \frac{1}{T_s}$$

と求まり，$\delta_T(t) = \dfrac{1}{T_s}\sum_{n=-\infty}^{\infty}\exp\left(j\dfrac{2n\pi}{T_s}t\right)$ となる．これをフーリエ変換すれば，

$$\int_{-\infty}^{\infty}\delta_T(t)e^{-j\omega t}dt = \dfrac{1}{T_s}\sum_{n=-\infty}^{\infty}\int_{-\infty}^{\infty}\exp\left(j\dfrac{2n\pi}{T_s}t\right)e^{-j\omega t}dt$$
$$= \dfrac{1}{T_s}\sum_{n=-\infty}^{\infty}\int_{-\infty}^{\infty}\exp\left(-j\left(\omega - \dfrac{2n\pi}{T_s}\right)t\right)dt$$
$$= \dfrac{2\pi}{T_s}\sum_{n=-\infty}^{\infty}\delta\left(\omega - \dfrac{2n\pi}{T_s}\right)$$

[演習 **7.3**] 正弦波の周波数が $f = f_N - f_0$ の場合，サンプリング時刻 nT_s における関数 $\cos 2\pi ft$ の値を考える．$2f_N T_s = 1$ であるから，$\cos 2\pi (f_N - f_0)nT_s$ は次のようになる．

$$\cos 2\pi(f_N - f_0)nT_s = \cos 2\pi(2f_N - f_N - f_0)nT_s$$
$$= \cos 2\pi(2f_N nT_s - (f_N + f_0)nT_s) = \cos 2\pi(f_N + f_0)nT_s$$

すなわち，周波数 f が $f = f_N - f_0$ の場合と $f = f_N + f_0$ の場合で，サンプリング値が同一になる．

[演習 **8.1**]
 i) $n = m$ の場合，$\exp\left(jk\dfrac{2\pi}{N}(m-n)\right) = 1$ であるから

$$\sum_{k=0}^{N-1}\exp\left(jk\dfrac{2\pi}{N}(m-n)\right) = N$$

 ii) $n \neq m$ の場合，$\exp\left(j\dfrac{2\pi}{N}(m-n)\right) = r$ とおくと，

$$\sum_{k=0}^{N-1}\exp\left(jk\dfrac{2\pi}{N}(m-n)\right) = \sum_{k=0}^{N-1}r^k = \dfrac{1-r^N}{1-r}$$

付録 B　演習問題略解

となる．ここで，$r^N = \exp\left(jN\dfrac{2\pi}{N}(m-n)\right) = 1$ であるから，

$$\sum_{k=0}^{N-1} \exp\left(jk\dfrac{2\pi}{N}(m-n)\right) = 0$$

i) と ii) をまとめて，$\displaystyle\sum_{k=0}^{N-1} \exp\left(jk\dfrac{2\pi}{N}(m-n)\right) = N\delta_{nm}$ となる．

[演習 8.2] 式 (8.3) の右辺で $t = mT_s$ として 8.1 の結果を用いると，次のようになる．

$$\dfrac{1}{N}\sum_{k=0}^{N-1}\left\{\sum_{n=0}^{N-1} f(nT_s)\exp\left(-j\dfrac{2\pi}{N}kn\right)\right\}\exp\left(jk\dfrac{2\pi}{NT_s}mT_s\right)$$
$$= \dfrac{1}{N}\sum_{n=0}^{N-1} f(nT_s) \sum_{k=0}^{N-1} \exp\left(jk\dfrac{2\pi}{N}(m-n)\right) = \sum_{n=0}^{N-1} f(nT_s)\delta_{nm} = f(mT_s)$$

[演習 8.3]

$$\begin{aligned}
G(k) &= \sum_{n=0}^{N-1} g(n)\left(W_N^{kn}\right)^* = \sum_{n=0}^{N-1}\sum_{j=0}^{N-1} f_1(j)f_2(n-j)\left(W_N^{kn}\right)^* \\
&= \sum_{j=0}^{N-1} f_1(j) \sum_{n=0}^{N-1} f_2(n-j)\left(W_N^{k(n-j)}\right)^*\left(W_N^{kj}\right)^* \\
&= \sum_{j=0}^{N-1} f_1(j) \sum_{n=0}^{N-1} f_2(n)\left(W_N^{kn}\right)^*\left(W_N^{kj}\right)^* \\
&= \sum_{j=0}^{N-1} f_1(j)\left(W_N^{kj}\right)^* \sum_{n=0}^{N-1} f_2(n)\left(W_N^{kn}\right)^* = F_1(k)F_2(k)
\end{aligned}$$

[演習 9.1] 式 (9.4), (9.5) の離散フーリエ変換, 逆変換の定義式より,

$$f = \frac{1}{N} M_N F = \frac{1}{N} M_N M_N{}^* f$$

すなわち, $\frac{1}{N} M_N M_N{}^* = I_N$ が成り立つ.

[演習 9.2] 関数 $f(t)$ の周期は $\frac{2\pi}{\omega_0}$ であり, サンプリング間隔 $T_s = \frac{\pi}{2\omega_0}$ は 1/4 周期に相当する. $N = 4$ の場合 $W_4 = \exp\left(j\frac{\pi}{2}\right) = j$ であり, 行列 M_4 は次のように定まる.

$$M_4 = \begin{bmatrix} 1 & 1 & 1 & 1 \\ 1 & j & -1 & -j \\ 1 & -1 & 1 & -1 \\ 1 & -j & -1 & j \end{bmatrix}$$

$T_s = \frac{\pi}{2\omega_0}$ であるから, 離散信号列 $\{f(n)\}$ の要素は $f(n) = 1 + 2\cos\frac{n\pi}{2}$ より $f(0) = 3$, $f(1) = 1$, $f(2) = -1$, $f(3) = 1$ となる. 離散信号列を表すベクトル f と行列 M_4 を用いて, 離散フーリエ変換 F は次のように求まる.

$$F = M_N^* f = \begin{bmatrix} 1 & 1 & 1 & 1 \\ 1 & -j & -1 & j \\ 1 & -1 & 1 & -1 \\ 1 & j & -1 & -j \end{bmatrix} \begin{bmatrix} 3 \\ 1 \\ -1 \\ 1 \end{bmatrix} = \begin{bmatrix} 4 \\ 4 \\ 0 \\ 4 \end{bmatrix}$$

[演習 9.3] $\{f(n)\} = \{3, 1, -1, 1\}$, $\{F(k)\} = \{4, 4, 0, 4\}$ である.

$m = 1$ のとき, $\{F(k-m)\} = \{F(k-1)\} = \{4, 4, 4, 0\}$ であり, この離散フーリエ逆変換は次のように求まる.

$$\frac{1}{N} M_N \begin{bmatrix} 4 \\ 4 \\ 4 \\ 0 \end{bmatrix} = \frac{1}{4} \begin{bmatrix} 1 & 1 & 1 & 1 \\ 1 & j & -1 & -j \\ 1 & -1 & 1 & -1 \\ 1 & -j & -1 & j \end{bmatrix} \begin{bmatrix} 4 \\ 4 \\ 4 \\ 0 \end{bmatrix} = \begin{bmatrix} 3 \\ j \\ 1 \\ -j \end{bmatrix}$$

一方，$m=1$ のとき $W_4^m = j$ であるから，$\{f(n)W_4^{mn}\} = \{f(n)(j)^n\} = \{3, j, 1, -j\}$ となる．すなわち，$\{F(k-m)\}$ の離散フーリエ逆変換と一致する．

同様に，$m=2$ に対して $\{F(k-m)\} = \{0, 4, 4, 4\}$ であり，この離散フーリエ逆変換は $\{3, -1, -1, -1\}$ と求まる．$W_4^m = -1$ であるから，$\{f(n)W_4^{mn}\} = \{f(n)(-1)^n\} = \{3, -1, -1, -1\}$ となり，確かに $\{F(k-m)\}$ の離散フーリエ逆変換と一致する．

また，$m=3$ に対して $\{F(k-m)\} = \{4, 0, 4, 4\}$ であり，この離散フーリエ逆変換は $\{3, -j, 1, j\}$ と求まる．$W_4^m = -j$ であるから $\{f(n)W_4^{mn}\} = \{f(n)(-j)^n\} = \{3, -j, 1, j\}$ となり，確かに $\{F(k-m)\}$ の離散フーリエ逆変換と一致する．

[演習 10.1]

(1) $\mathcal{L}[t^n] = \int_0^\infty t^n e^{-st} dt = \left[t^n \frac{e^{-st}}{-s} \right]_0^\infty + \frac{1}{s} \int_0^\infty n t^{n-1} e^{-st} dt$

$= \frac{n}{s} \int_0^\infty t^{n-1} e^{-st} dt$

$= \frac{n(n-1)}{s^2} \int_0^\infty t^{n-2} e^{-st} dt = \cdots = \frac{n!}{s^n} \int_0^\infty e^{-st} dt = \frac{n!}{s^{n+1}}$

(2) $F(s) = \int_0^\infty \sin\omega t \, e^{-st} dt = \int_0^\infty \frac{e^{j\omega t} - e^{-j\omega t}}{2j} e^{-st} dt$

$= \frac{1}{2j} \left[\frac{e^{(-s+j\omega)t}}{-s+j\omega} - \frac{e^{(-s-j\omega)t}}{-s-j\omega} \right]_0^\infty$

$= \frac{1}{2j} \left(\frac{1}{s-j\omega} - \frac{1}{s+j\omega} \right) = \frac{\omega}{s^2+\omega^2}$

(3) $F(s) = \int_0^\infty \cos\omega t \, e^{-st} dt = \int_0^\infty \frac{e^{j\omega t} + e^{-j\omega t}}{2} e^{-st} dt$

$= \frac{1}{2} \left[\frac{e^{(-s+j\omega)t}}{-s+j\omega} + \frac{e^{(-s-j\omega)t}}{-s-j\omega} \right]_0^\infty$

$= \frac{1}{2} \left(\frac{1}{s-j\omega} + \frac{1}{s+j\omega} \right) = \frac{s}{s^2+\omega^2}$

(4) $\sinh\alpha t = \dfrac{e^{\alpha t} - e^{-\alpha t}}{2}$ である．指数関数のラプラス変換が $\mathcal{L}[e^{\alpha t}] = \dfrac{1}{s-\alpha}$ であるから $\mathcal{L}[\sinh\alpha t] = \dfrac{1}{2} \left(\dfrac{1}{s-\alpha} - \dfrac{1}{s+\alpha} \right) = \dfrac{\alpha}{s^2-\alpha^2}$

(5) $\cosh\alpha t = \dfrac{e^{\alpha t} + e^{-\alpha t}}{2}$ であるから $\mathcal{L}[\cosh\alpha t] = \dfrac{1}{2} \left(\dfrac{1}{s-\alpha} + \dfrac{1}{s+\alpha} \right) = \dfrac{s}{s^2-\alpha^2}$

[演習 10.2]

(1) $\int_0^\infty t^{\frac{1}{2}} e^{-st} dt = \dfrac{\Gamma\left(\frac{1}{2}+1\right)}{s^{\frac{3}{2}}} = \dfrac{\frac{1}{2}\Gamma\left(\frac{1}{2}\right)}{s\sqrt{s}} = \dfrac{1}{2s}\sqrt{\dfrac{\pi}{s}}$

(2) $\int_0^\infty t^{\frac{3}{2}} e^{-st} dt = \dfrac{\Gamma\left(\frac{3}{2}+1\right)}{s^{\frac{3}{2}+1}} = \dfrac{\frac{3}{4}\Gamma\left(\frac{1}{2}\right)}{s^2\sqrt{s}} = \dfrac{3}{4s^2}\sqrt{\dfrac{\pi}{s}}$

付録 B 演習問題略解

[演習 11.1] 関数 $f(t)$ のラプラス変換は

$$\begin{aligned}\mathcal{L}\left[f(t)\right] &= \int_0^\infty f(t)e^{-st}dt \\ &= \left[e^{-st}\int_0^t f(\tau)d\tau\right]_0^\infty + s\int_0^\infty \left(\int_0^t f(\tau)d\tau\right)e^{-st}dt \\ &= -g(0) + s\int_0^\infty g(t)e^{-st}dt\end{aligned}$$

であるから,

$$\mathcal{L}\left[g(t)\right] = \frac{\mathcal{L}\left[f(t)\right]}{s} + \frac{g(0)}{s}$$

[演習 11.2] 関数 $f(t)$ のラプラス変換の定義 $F(s) = \int_0^\infty f(t)e^{-st}dt$ において,両辺を s で微分すると

$$\frac{dF(s)}{ds} = \frac{d}{ds}\int_0^\infty f(t)e^{-st}dt = \int_0^\infty f(t)\frac{de^{-st}}{ds}dt = -\int_0^\infty tf(t)e^{-st}dt$$

したがって,次式が成り立つ.

$$\mathcal{L}\left[tf(t)\right] = -\frac{dF(s)}{ds}$$

[演習 11.3] 積分順序を入れ替えれば次のように導出できる.

$$\begin{aligned}\int_s^\infty F(s)ds &= \int_s^\infty \int_0^\infty f(t)e^{-st}dtds = \int_0^\infty f(t)\int_s^\infty e^{-st}dsdt \\ &= \int_0^\infty \frac{f(t)}{t}e^{-st}dt\end{aligned}$$

[演習 12.1]
(1) 分母 $= 0$ の根は二重根 $s = -1$ と単根 $s = 1$ の二種類あり，$F(s)$ は次のように部分分数に分解できる．

$$F(s) = \frac{\alpha_{1,1}}{s+1} + \frac{\alpha_{1,2}}{(s+1)^2} + \frac{\alpha_2}{s-1}$$

ここで，係数 α_2 は式 (12.6)，係数 $\alpha_{1,1}, \alpha_{1,2}$ は式 (12.9) にそれぞれ従って，次のように求められる．

$$\alpha_2 = (s-1)F(s)\Big|_{s=1} = \frac{s^2+s-1}{(s+1)^2}\Big|_{s=1} = \frac{1}{4}$$

$$\alpha_{1,2} = \frac{1}{0!}(s+1)^2 F(s)\Big|_{s=-1} = \frac{1}{2}$$

$$\alpha_{1,1} = \frac{1}{(2-1)!}\frac{d}{ds}(s+1)^2 F(s)\Big|_{s=-1}$$

$$= \frac{d}{ds}\frac{s^2+s-1}{s-1}\Big|_{s=-1} = \frac{s^2-2s}{(s-1)^2}\Big|_{s=-1} = \frac{3}{4}$$

したがって，与式は次のように部分分数に分解される．

$$F(s) = \frac{1}{4}\left\{\frac{3}{s+1} + \frac{2}{(s+1)^2} + \frac{1}{s-1}\right\}$$

このラプラス逆変換は次のように求まる．

$$f(t) = \frac{1}{4}\left(3e^{-t} + 2te^{-t} + e^t\right) = \frac{1}{4}\left\{(2t+3)e^{-t} + e^t\right\}$$

(2) $F(s)$ を次のように変形する．

$$F(s) = \frac{1}{(s+2)^2 + 2}$$

$\mathcal{L}^{-1}\left[\dfrac{1}{s^2+2}\right] = \dfrac{\sin\sqrt{2}t}{\sqrt{2}}$ とラプラス変換の性質 $\mathcal{L}^{-1}[F(s+2)] = e^{-2t}f(t)$ を用いれば次のようにラプラス逆変換が求まる．

$$\mathcal{L}^{-1}[F(s)] = \frac{e^{-2t}}{\sqrt{2}}\sin\sqrt{2}t$$

付録 B　演習問題略解

[演習 12.2]
(1) 与えられた微分方程式をラプラス変換すると，
$$sY(s) - 1 + 2Y(s) = \frac{1}{(s+2)^2}$$
となる．$Y(s)$ を部分分数に分解して，
$$Y(s) = \frac{1}{s+2} + \frac{1}{(s+2)^3}$$
を得る．ここで，$\mathcal{L}^{-1}\left[\frac{1}{s^3}\right] = \frac{t^2}{2}$ などを用いて，
$$y(t) = \mathcal{L}^{-1}\left[\frac{1}{s+2} + \frac{1}{(s+2)^3}\right] = e^{-2t} + \frac{t^2}{2}e^{-2t} = \left(\frac{t^2}{2} + 1\right)e^{-2t}$$

(2) 与えられた微分方程式をラプラス変換すると，
$$s^2 Y(s) - 2sY(s) + Y(s) = \frac{1}{s+1}$$
となる．$Y(s)$ を部分分数に分解して，
$$Y(s) = \frac{1}{(s+1)(s-1)^2} = \frac{1}{2(s-1)^2} - \frac{1}{4(s-1)} + \frac{1}{4(s+1)}$$
を得る．$\mathcal{L}^{-1}\left[\frac{1}{s^2}\right] = t$ などを用いて，$Y(s)$ のラプラス逆変換を求めると，
$$y(t) = \frac{t}{2}e^t - \frac{1}{4}e^t + \frac{1}{4}e^{-t}$$

[演習 13.1] インダクタに流れる電流を $i(t)$，抵抗の両端の電圧を $v_R(t)$ とすると，電圧電流の関係式は次のようになる．
$$L\frac{di}{dt} + v_R = v$$
$$i = C\frac{dv_R}{dt} + \frac{v_R}{R}$$

これより，$LC\dfrac{d^2v_R}{dt^2} + \dfrac{L}{R}\dfrac{dv_R}{dt} + v_R = v$ が得られ，伝達関数は次の式から求まる．

$$LCs^2 H(s) + \frac{L}{R}sH(s) + H(s) = 1$$
$$H(s) = \frac{1}{LCs^2 + \frac{L}{R}s + 1} = \frac{R}{LCRs^2 + Ls + R}$$

伝達関数の極を求めると $s = \dfrac{-L \pm \sqrt{L^2 - 4LCR^2}}{2LCR}$ である．定数にかかわらず実数部は負なのでこの応答は安定である．

[演習 13.2] システム S_1 にデルタ関数 $\delta(t)$ を入力として与え，その応答が $h_1(t)$ であるとすると，
$$H_1(s) = \mathcal{L}[h_1(t)]$$
である．$h_1(t)$ はシステム S_2 の入力となるので，システム S_2 の応答は $h_1(t) * h_2(t)$ で与えられる（$h_2(t)$ はシステム s_2 のインパルス応答）．すなわち，システム S に $\delta(t)$ を入力として加えた場合のシステム S の応答は $h_1(t) * h_2(t)$ となるので，システム S_1 とシステム S_2 を直列に接続したシステム S の伝達関数は，

$$H_0(s) = \mathcal{L}[h_1(t) * h_2(t)] = H_1(s)H_2(s)$$

で与えられる．また，接続の順番を入れ替えても，システム S の伝達関数は変わらない．

参考文献

[1] 内藤喜之 「電気・電子基礎数学－電磁気・回路のための－」 電気学会, 1980.
[2] 篠崎寿夫, 富山薫順, 若林敏雄 「現代工学のための応用フーリエ解析」 現代工学社, 1991.
[3] 黒川隆志, 小畑秀文 「演習で身につくフーリエ解析」 共立出版, 2005.
[4] 谷川明夫 「フーリエ解析入門」 共立出版, 2007.
[5] 松下泰雄 「フーリエ解析－基礎と応用－」 培風館, 2001.
[6] 宮川 洋, 今井秀樹 （訳） 「高速フーリエ変換」 科学技術出版社, 1989.
[7] 辻井重男, 久保田 一 「わかりやすいディジタル信号処理」 オーム社, 1993.
[8] 佐川雅彦, 貴家仁志 「高速フーリエ変換とその応用」 昭晃堂, 1992.
[9] 有本 卓 「信号・画像のディジタル処理」 産業図書, 1980.
[10] 辻井重男 監修 「ディジタル信号処理の基礎」 電子情報通信学会, 1988.
[11] 今井 聖 「ディジタル信号処理」 秋葉出版, 1980.
[12] 宇野利雄, 洪 妊植 「ラプラス変換」 共立全書, 1974.
[13] 田代嘉宏 「ラプラス変換とフーリエ解析要論」 森北出版, 1977.
[14] 猪野至適 「ラプラス変換」 槙書店, 1976.

索引

◆記号／数字
2端子対回路（two port circuit） 80

◆あ
安定性（stability） 160

◆い
位相（phase） 38
因数（factor） 141
因数分解（factorization） 141, 156
インダクタ（inductor） 37
インパルス応答（impulse response） 70

◆う
ウィーナ・ヒンチンの定理
　　　（Wiener-Khinchin theorem） 65

◆え
エネルギースペクトル（energy spectrum）
　　　66
エリアシング（aliasing） 92

◆お
オイラーの公式（Euler's formula） 31
応答（response） 1

◆か
階段関数（step function） 122, 152
角周波数（angular frequency） 10, 39
過渡応答（transient response） 151
ガンマ関数（Gamma function） 125

◆き
奇関数（odd function） 19, 79, 103
ギブスの現象（Gibbs phenomenon） 25
基本角周波数（fundamental angular
　　　frequency） 7
既約分数（irreducible fraction） 141

キャパシタ（capacitor） 35
級数の収束（convergence of series） 23
狭義安定（stable in a limited sense） 160
共振（resonance） 161
共鳴（resonance） 161
極（pole） 156
虚数単位（imaginary unit） 31

◆く
偶関数（even function） 19, 48, 79, 102
矩形波（rectangular waveform） 7, 24,
　　　132
矩形パルス（rectangular pulse） 48, 60
矩形パルス列（rectangular pulse train）
　　　54
区分的に連続な関数（piecewise
　　　continuous function） 22

◆け
計算量（computational complexity） 111

◆こ
広義安定（stable in a broad sense） 160
高速フーリエ変換（Fast Fourier
　　　Transform） 109
高調波（higher harmonics） 7
項別微分（termwise differentiation） 26

◆さ
三角形関数（triangular function） 51

◆し
時間軸移動（time shifting） 56
時間軸拡大（time scaling） 57
時間推移（time shifting） 99
時間微分（time differentiation） 58
時間間引き（decimation-in-time） 115
時間領域（time domain） 67

自己相関関数（autocorrelation function）65
指数関数（exponential function）50, 123
システム関数（system function）77
実関数（real function）33, 45, 59
時不変性（time invariance）70
周期（period）3
周期関数（periodic function）3, 51
周期性（periodicity）96
重根（multiple root）141
収束（convergence）23, 46, 119, 157
収束領域（convergence region）120
周波数軸移動（frequency shifting）56
周波数推移（frequency shifting）101
周波数スペクトル密度（frequency spectrum density）45
周波数帯域（frequency bandwidth）85
周波数領域（frequency domain）67
出力（output）1
循環畳み込み演算（cyclic convolution）116
初期条件（initial condition）147
初期値（initial value）75, 131, 139
振幅（amplitude）25, 38

◆せ
正弦関数（sine function）2, 124
斉次微分方程式（homogeneous differential equation）147
正則（holomorphic）120
積分方程式（integral equation）135
絶対積分（integral of absolute value）46
線形回路（linear circuit）35, 37, 69, 151
線形システム（linear system）1, 69
線形常微分方程式（linear ordinary differential equation）139
線形性（linearity）1, 36, 56, 70, 99, 130
線形和（linear sum）1, 4, 39

◆そ
相互相関関数（cross correlation function）64
双対（duality）67

◆た
対称性（symmetry）58, 99
多項式（polynomial）141

畳み込み演算（convolution）59, 107
畳み込み関数（convolution）59, 72, 134
単根（simple root）141

◆ち
直流（direct current）49
直流成分（DC component）39
直列回路（series circuit）36
直交性（orthogonality）9

◆て
定係数線形常微分方程式（linear ordinary differential equation with constant coefficients）146
定係数微分方程式（differential equation with constant coefficients）139
抵抗（resistance）35
定常波応答（steady state response）35, 37
デルタ関数（delta function）47, 123
電圧（voltage）35
展開係数（expansion coefficient）4
展開項数（number of terms in a series）24
伝達関数（transfer function）39, 73, 154
電流（electric current）36

◆と
導関数（derivative）58
特異点（singularity）120

◆な
ナイキスト周波数（Nyquist frequency）90

◆に
入力（input）1
入力アドミッタンス（input admittance）81

◆は
パーセバルの等式（Parseval's equality）66
発散（divergence）97, 119, 157
パワースペクトル（power spectrum）66

半波整流波形（half-wave rectification）10, 23

◆ひ
非周期関数（non-periodic function） 18
非斉次の微分方程式（inhomogeneous differential equation） 147
微分演算（differential calculus） 37
標本化（sampling） 85
標本化関数（sampling function） 87
標本化定理（sampling theorem） 85
標本値（sampling value） 85
ヒルベルト変換（Hilbert transform） 78

◆ふ
不安定（unstable） 160
フーリエ逆変換（inverse Fourier transform） 45
フーリエ級数展開（Fourier series expansion） 4
フーリエ係数（Fourier coefficient） 4
フーリエ正弦変換（Fourier sine transform） 45
フーリエ積分（Fourier integral） 44
フーリエ変換（Fourier transform） 43, 45
フーリエ余弦変換（Fourier cosine transform） 45
複素関数（function of complex variable） 120
複素共役（complex conjugate） 33
複素指数関数（complex exponential function） 31
複素フーリエ級数展開（complex Fourier series expansion） 33
複素フーリエ係数（complex Fourier coefficient） 33
複素平面（complex plane） 98
符号関数（signum function） 79
部分分数分解（partial fraction decomposition） 141
不連続点（discontinuity） 22, 25, 28, 47
不連続な関数（discontinuous function） 28
ブロムウィッチ積分（Bromwich integral） 120
分子（numerator） 141
分母（denominator） 141

◆へ
べき乗（power of two） 111
べき乗（the n-th power of t） 124
偏角（argument） 37

◆ま
窓関数（window function） 106

◆ゆ
有理関数（rational function） 156

◆よ
余弦関数（cosine function） 2, 124

◆ら
ラプラス逆変換（inverse Laplace transform） 120
ラプラス変換（Laplace transform） 119

◆り
離散周波数スペクトル（discrete frequency spectrum） 46
離散的な周期信号（discrete periodic signal） 97
離散的な変数（discrete variable） 44
離散フーリエ逆変換（inverse discrete Fourier transform） 98
離散フーリエ変換（discrete Fourier transform） 97
留数（residue） 121
留数定理（residue theorem） 120

◆れ
連続関数（continuous function） 28
連続的な周期信号（continuous periodic signal） 96
連続変数（continuous variable） 44

〈著者略歴〉

水本哲弥（みずもと　てつや）
1979 年　東京工業大学工学部電気・電子工学科卒業
1984 年　同大学院理工学研究科電気・電子工学専攻博士課程修了，工学博士取得
1984 年　同大学工学部電気・電子工学科助手
1987 年　同大学工学部電気・電子工学科助教授
2004 年　同大学院理工学研究科電気電子工学専攻教授，現在に至る

- 本書の内容に関する質問は，オーム社ホームページの「サポート」から，「お問合せ」の「書籍に関するお問合せ」をご参照いただくか，または書状にてオーム社編集局宛にお願いします。お受けできる質問は本書で紹介した内容に限らせていただきます。なお，電話での質問にはお答えできませんので，あらかじめご了承ください。
- 万一，落丁・乱丁の場合は，送料当社負担でお取替えいたします。当社販売課宛にお送りください。
- 本書の一部の複写複製を希望される場合は，本書扉裏を参照してください。

JCOPY ＜出版者著作権管理機構　委託出版物＞

TokyoTech Be-TEXT
フーリエ級数・変換／ラプラス変換

2010 年 5 月 10 日　第 1 版第 1 刷発行
2024 年 4 月 20 日　第 1 版第 5 刷発行

著　　者　水本哲弥
発行者　村上和夫
発行所　株式会社オーム社
　　　　郵便番号　101-8460
　　　　東京都千代田区神田錦町3-1
　　　　電話　03(3233)0641（代表）
　　　　URL　https://www.ohmsha.co.jp/

© 水本哲弥 2010

印刷・製本　デジタルパブリッシングサービス
ISBN978-4-274-50272-9　Printed in Japan